JC総研ブックレット　No.5

移住者の地域起業による農山村再生

筒井一伸・嵩　和雄・佐久間康富◇著
小田切 徳美◇監修

JN274232

はじめに

本書のねらい

「田舎暮らし」という言葉に代表されるように農山村への移住が活況を呈しています。雑誌や本、インターネットには情報があふれ、全国の都道府県、市町村行政は移住拡大を目指した動きに力を注いでいます。都市から農山村への移住促進政策は、「東京一極「滞留」からの脱却（小田切、2011、11～13頁）」を目指す上でその方向性は間違いではありません。しかしながら、若い世代の移住で人口を維持できる農山村は非常に少数にとどまると指摘される（西村、2010）など、農山村に渦巻く「移住政策万能論」への警鐘も散見されはじめています。また、そもそも日本全体が人口減少社会に突入したなかで、〝人口の奪い合い〟としての移住政策の上に農山村の未来はあるのか、という素朴な疑問も出てきています。

このような疑問への答えを考えるために、本書では「移住者数」という〝数的〟な結果ではなく、移住者が農山村に住むことの〝質的〟な意味を考えてみたいと思います。ヨソモノ視点をもつ移住者は、農山村の地域資源への新たなまなざしをもたらしてくれます。その一つの動きが、本書のタイトルで取り上げる移住者による「地域起業」です。本書における地域起業とは、「農山村の地域資源を活用した〝地域のなりわいづくり〟であり、農山村の価値創造活動の一端を担うもの」と位置づけています（以下、「地域起業」を「地域のなりわいづくり」

と記します）。このようななりわいづくりを移住者が展開していくためには、事業性の観点だけではなく地域性や社会性が求められ、移住者、コミュニティ（地域住民）、行政との連携や協力が重要になります。しかしながら地域のなりわいづくりへの思いや期待はこれら三者で異なるものであり、相互に理解し、相互に支える仕組みが不可欠です。本書では、移住者、コミュニティ、行政それぞれの視点に立ちつつ、移住者による地域のなりわいづくりを支える仕組みやその課題、そして新しいなりわいづくりの形を考えることで、農山村の新しい地域づくりに必要な移住者による地域のなりわいづくりという大きなうねりの〝読み方〟をご紹介したいと思います。

本書の構成

そこで本書では、次のような組み立てにしました。

Ⅰでは、農山村にとっての移住者による地域のなりわいづくりの意味について考えた上で、その全体的な傾向を把握することにします。Ⅱでは、移住者のなりわいづくりの多様な具体例を、移住者の立場からみていくことでその捉え方を理解します。そしてⅢでは行政やコミュニティの立場から移住者のなりわいづくりをどのように支えているのかを理解した上で、Ⅳでは移住者による地域のなりわいづくりを農山村の地域づくり戦略にどのように位置づけ、新たな価値創造へ結びつけるべきかを考えたいと思います。最後にⅤでは農山村における移住となりわいづくりに関連する2つのポイントを提示しつつ、今後の展望を示します。

Ⅰ　農山村における移住者のなりわいづくり

1　移住者のなりわいづくりと地域づくり

農山村は高度経済成長期以降の「過疎」という人口流出で特徴づけられてきましたが、その一方で都市から農山村への移住も時代とともにその特徴を変えつつ続いてきました（**表1**）。初期段階は農山村出身者のUターンや学生運動の延長線上での有機農業運動などが展開されましたし、バブル経済のなかでのリゾートブームでも脱サラ起業によるペンション経営や別荘購入といった流れでの農山村への移住がみられました。また、カントリーライフを目指して、陶芸家や木工職人、パン屋、蕎麦屋などのなりわいをはじめた移住もみられました。しかし今日に続くおおきな流れはバブル経済以降、１９９０年代後半にはじまったといえます。「定年帰農」という言葉に代表される中高年層の就農志向や「新・農業人フェア」が開始されたことに代表される現役世代の就農の流れが生まれました。農山村への移住に伴うなりわいとしては農林水産業へ就くという傾向がその特徴といえます。２０００年代前半になると団塊の世代の大量退職によるいわゆる「２００７年問題」を射程にした動きが活発化してきます。特定非営利活動法人１００万人のふるさと回帰・循環運動推進・支援センター（以下、ＮＰＯ法人ふるさと回帰支援センター）が設立され、そのサポートを本格化しはじめたのもこの時期ですが、２００７年問題への対応という意味からそのサポートの主たる対象は中高年層でした。しかしながら、実際には高年齢者雇用

表 1　農山村への移住志向の変遷

年代	特徴	時代背景
1960 年代から 1970 年代	○学生運動やヒッピー・ムーブメントの影響による農山村でのコミューン形成 ○地方出身者の U ターンの動き	■人口地方還流・有機農業運動
1980 年代から 1990 年代前半	○リゾート地等での脱サラ・ペンション経営 ○田舎暮らし関連の書籍の発刊（『田舎暮らしの本』宝島社、1987 年）	■バブル経済とリゾートブーム
1990 年代後半	○経済的豊かさから「精神的な豊かさ」環境問題からの移住（アメニティ・ムーバー） ○「新・農業人フェア」の開始（1997 年） ○中高年の第二の人生（『定年帰農』農文協、1998 年）	■バブル崩壊とカントリーライフ
2000 年代前半	○NPO 法人ふるさと回帰支援センターの設立（2002） ○団塊世代の大量退職（2007 年問題）への対応⇒定年延長で問題にならず	■自然志向とロハスブーム
2000 年代後半	○若者の農村回帰（『若者はなぜ農山村に向かうのか』農文協、2005 年） ○フロンティアとしての農山村へのまなざし（田舎で働き隊（2008 年）、地域おこし協力隊（2009 年）等の施策開始）	■リーマン・ショック／食の安心安全への関心の高まり
2011 年以降	○ライフスタイルを変えたい人々 ○定年延長後の大量退職（2012 年問題）	■東日本大震災とその後の社会変化

安定法による定年延長などにより2007年問題の影響は大きくはなかったようです。

2000年代後半以降になると、定年延長の結果いったんは回避された団塊世代の大量退職とそれに伴う農山村への移住という動きについても「2012年問題」として再びクローズアップされてきています。その一方で農山村への移住者層に変化がみられはじめます。2005年にNPOふるさと回帰支援センターが実施した「都市生活者に対するふるさと回帰・循環運動に関するアンケート調査」（調査対象者5万150人、回収率45・4%、有効回答数2万2783人）では、悠々自適な暮らしを求める者が41・9%（3869人）、仕事をしながら田舎暮らしをしたいと考えている人が37・0%（3414人）と比較的拮抗した結果となりました。つまり、定年退職後のセカンドライフ志向の田舎暮らしだけではなく、ある程度の「生活の糧」を求める現役世代の田舎暮らしの傾向がみられたといえるでしょう。このＪＣ総研ブックレットシリーズの№３（図司、２０１４）でとりあげられました「地域サポート人材」として若者が農山村に向かうための政策的な基盤（地域おこし協力隊など）がはじまったことも、現役世代の農山村への移住の本格化の後押しをしました。

ところで現役世代が農山村へ移住する際に大きな壁となるのが「仕事の確保」です。前述したとおり、１９９０年代後半の農山村への移住は就農など農林漁業を志向する傾向があったため、いわゆる就農支援などの行政施策で対応をしてきましたが、２０００年代後半以降は必ずしも就農希望者のみが農山村への移住を目指しているわけではありません。２０００年代は農山村＝農業生産の場という捉え方に変化がみられはじめ、「生産主義からポスト生産主義へ（立川、２００５）」という流れの下で、農山村の多面的機能に注目が集まり、六次産業化など地域資源を活かした農山村のなりわいが多様化していった時代でした。「農業」志向ではなく「田舎暮らし」志向の現役世代の移住がみられるようになってきたことは、このような背景との関係がうかがえます。こうした流れのなかで、本書のテーマである地域のなりわいづくりへの関心が高まりはじめました。

データから移住希望者の動向を読み取ると大きく変化したのは２００９年からのことでした（**図１**）。ＮＰＯ法人ふるさと回帰支援センターへの来訪者もこれまで多かった60歳代だけでなく、若い人が目立つようになりました。また大きなターニングポイントとしては２０１１年3月の東日本大震災が挙げられます。東日本大震災を契機に相談者の割合も30歳代が大きく増加、これまであまり動きのなかったファミリー層が動き出しました。こ

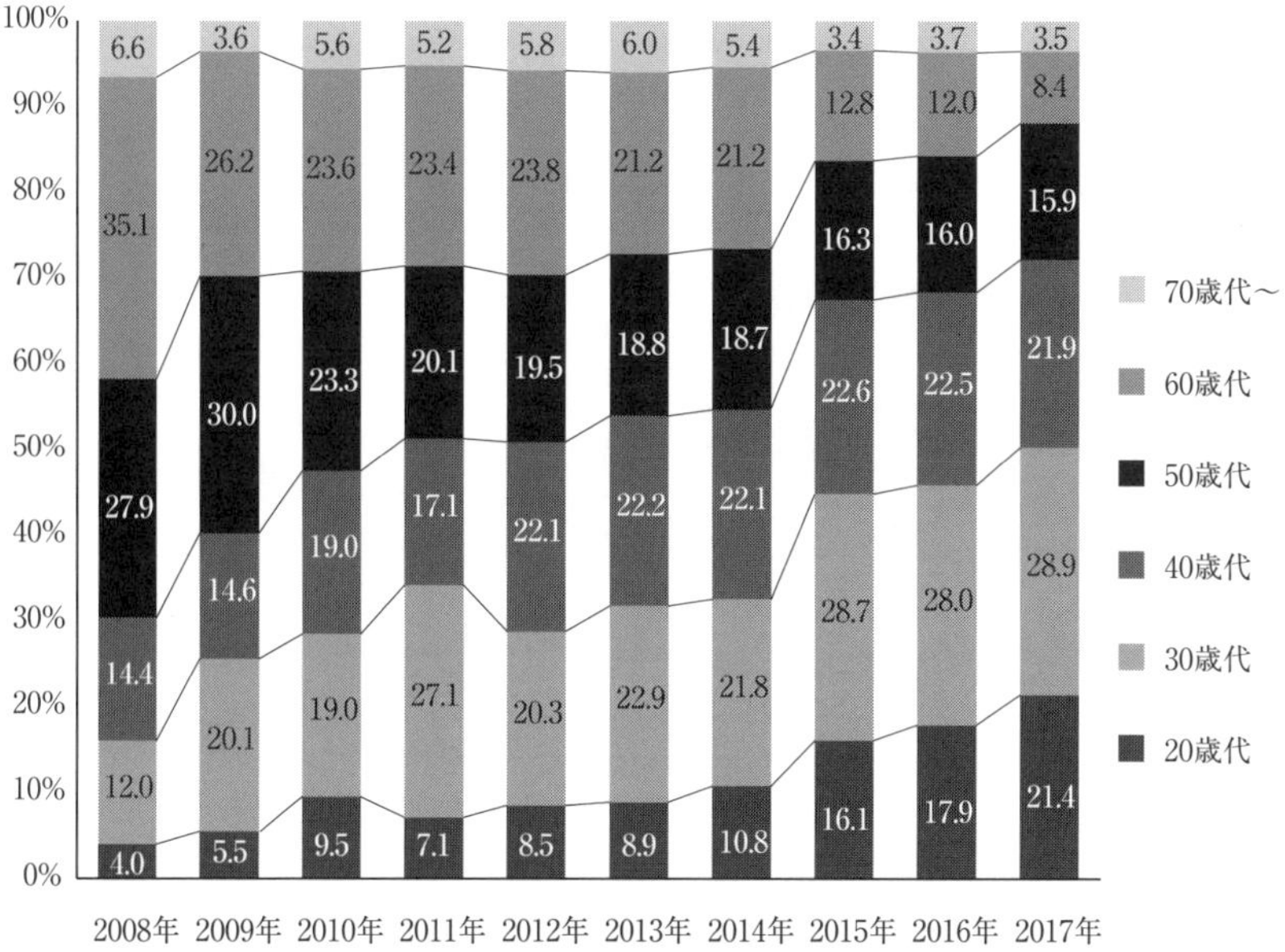

図１　移住相談者年齢層の推移

（NPO法人ふるさと回帰支援センター来訪者アンケートより）

れには原発事故や首都圏直下型地震への不安などからの移住相談もありましたが、これまでの都市生活から農山村での地域に密着した暮らしをしたいという「ライフスタイルの転換」を希望する方々も多くなって来ています。一方で移住者を受け入れる自治体でも若年層の移住は歓迎するものの、農林漁業の衰退や企業の撤退などによる産業空洞化により、農山村での雇用の機会は年々減少しており、雇用による仕事の確保は困難となっていました。そのためNPO法人ふるさと回帰支援センターが中心となって2009年に「ふるさと起業塾」を立ち上げました。

ところで移住希望者は移住先でどのような働き方を希望しているのでしょうか。NPO法人ふるさと回帰支援センターを訪れた移住希望者に対するアンケート結果（**図２**）からみてみると、2010年では農業が39・1％と一番多く、ついで企業などへの

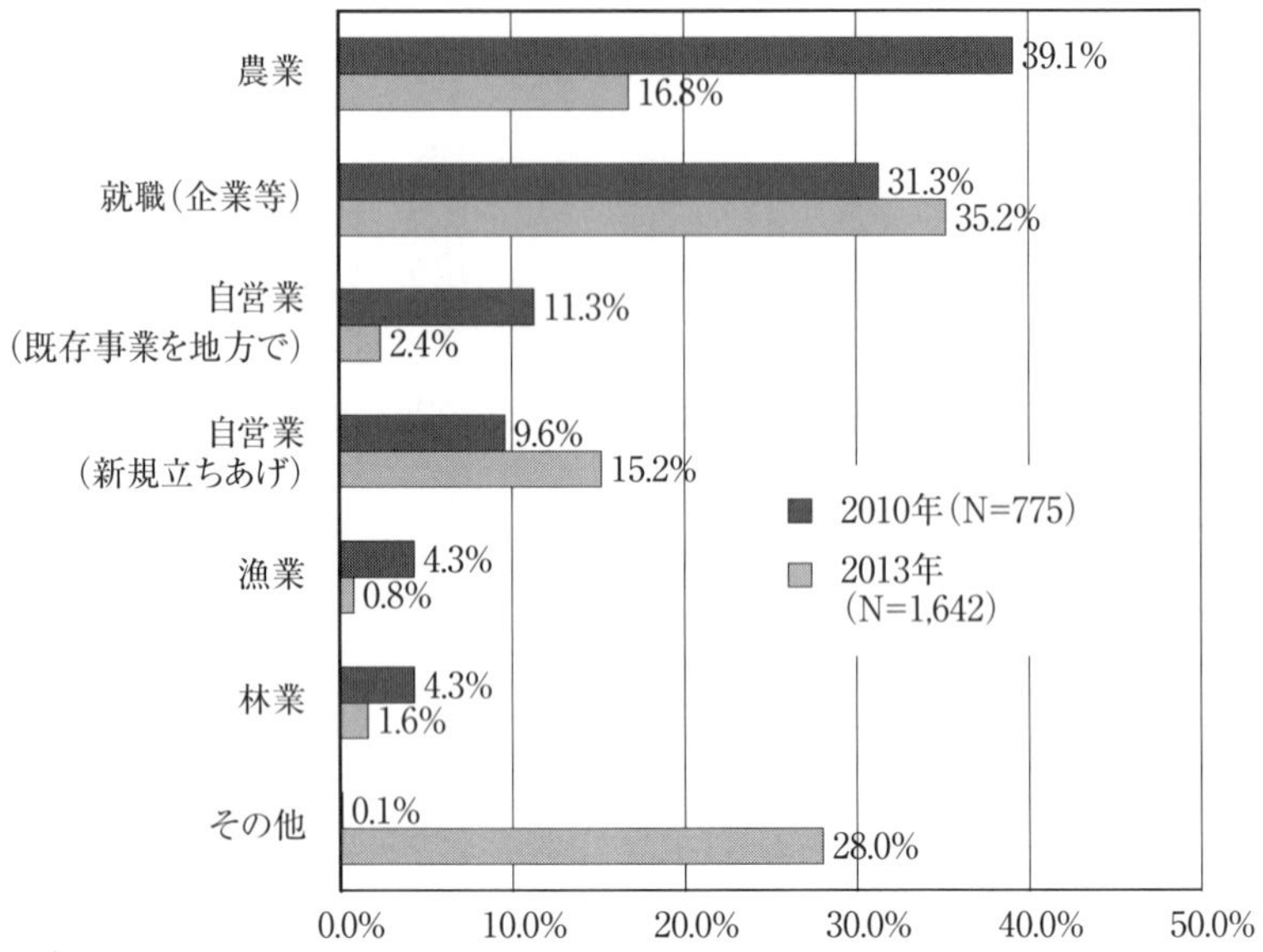

図２　移住先で希望する働き方

※Nは回答者総数をあらわし、一つだけを選択して回答してもらった。
（NPO法人ふるさと回帰支援センター来訪者アンケートより）

就職が31・3％、都市での仕事を地方でも行う自営業が11・3％、あらたに「起業」する自営業が9・6％となっていました。これが２０１３年になると農業を希望する人が半減する一方で、「その他」の項目の回答が急増しました。その個別の回答をみてみると、「地域おこし協力隊」や「地域活性化の仕事」、「震災復興関連」など地域づくりに関連する働き方を希望する移住希望者がみられるようになったことが特徴として挙げられます。また、農山村での新たな「起業」が15・2％と5ポイント以上増えたことも注目されます。

　このように「起業」をはじめとする移住者による地域のなりわいづくりは、最近の移住傾向の上での一つのトピックスといえますが、移住者による地域のなりわいづくりは農山村の地域づくりにとってどんな意味があるのかを仮説的に考えてみたいと思います。農山村の地域づくりにおいて重要な3つの要素として、①地域づくりの主体づくり、②コミュニティなどの暮らしの仕組みづくり、③経済的な循環づくり、があり、その先に農山村における「新しい価値の上乗せ」が実現されて農山村の再生が実現できるとされます（小田切、2013）。これを移住者による地域のなりわいづくりの動きと重ね合わせて考えると次のように整理できそうです。

農山村が移住者を受け入れるということは新たな地域づくりの主体（となる可能性をもつ主体）を獲得したことにほかならず、農山村で生活を行うことで暮らしの仕組みづくりに関わると同時に、農山村で生活の糧としてのなりわいを得る主体ともなります。そのなりわいは単なる「サラリー」の獲得ではなく、地域資源と結びついた地域のなりわいづくりを行うことで、経済的な意味での新しい価値の上乗せが生まれます。この地域のなりわいの意味を考えてみると、移住者にとっては生活の糧という生活上必要な側面と、自身がイメージする田舎暮らしを具現化するためという自己実現の側面の二面性があります。一方、コミュニティにとっては潜在的にあった地域資源が、移住者のもつヨソモノ視点によって利活用されるようになることにほかなりません。その結果、地域のなりわいづくりは新たな地域の価値創造に結びつき、結果的に農山村の地域づくりの目的である新しい価値の上乗せに結びつくと考えられます（**図3**）。また、Ⅲで詳しくみますが行政も地域のなりわいづくりを支える施策の展開を進めていますが、その行政の立場からの意義としては移住者がより継続的に農山村に住み続けるための仕掛けづくりと位置づけられそうです。

このように、移住者、コミュニティ、行政、それぞれの立場によって、移住者による地域のなりわいづくりの

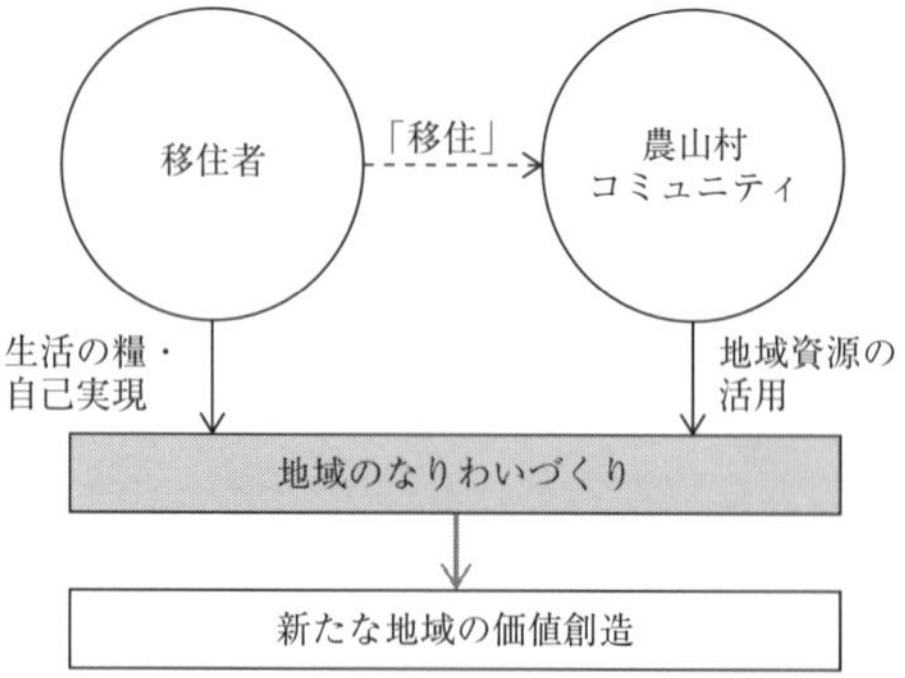

図3　移住者による地域なりわいづくりの意義

意味や捉え方は異なるものと整理できます。これまで移住者による地域のなりわいづくりに関する報告は、移住者視点のものが比較的多くありましたが、いずれも事例紹介にとどまってきました。また、農山村の行政やコミュニティの視点から移住者による地域のなりわいづくりを捉えたものはほとんどありませんでした。そこで本書では移住者の立場と、農山村の行政やコミュニティの立場、それぞれの立場からの実態について考えることを目的とします。

2　移住者のなりわいづくりの傾向

では、この本のテーマである地域のなりわいづくりはどのような流れで出てきたのでしょうか。前節で紹介した2005年の「都市生活者に対するふるさと回帰・循環運動に関するアンケート調査」で全体の27%が「起業」を考えているという調査結果を背景から、「都会での雇用よりも田舎での生業づくり」をテーマに2009年9月にNPO法人ふるさと回帰支援センターと北海道大学観光学高等研究センターとの連携により「ふるさと起業塾」を立ちあげ、全国7ヶ所（北海道上川郡美瑛町、北海道虻田郡ニセコ町、新潟県長岡市、熊本県阿蘇市・天草市、大分県竹田市、東京都）で実施し、座学ならびに現地でのインターンシップを中心とした実践研修を行ってきました。

また、2010年からは内閣府「地域社会雇用創造事業」の採択を受け、NPO法人ふるさと回帰支援センター「農村の六次産業化起業人材育成事業（通称、農村六起事業）」として農林漁業（第一次産業）、農林水産物の加工・食品製造（第二次産業）、販売・流通そして新しい観光業とそれに関連する住まいの提供などのサービス業（第三次産業）などを主体的に担っていく起業人材の育成（インターンシップ事業）に加えて、起業支援事業（インキュベーション事業）を2年間実施して全国で100名の農村の六次産業起業家（ふるさと起業家）に対して起業支援金を支援してきました。

この農村六起事業ではいわゆる「農業の六次産業化」ではなく「農村の地域資源を活用した六次産業化」と位置づけ、従来の六次産業を農産物の加工、地産地消レストラン運営などの「地域複合アグリビジネス」、空き家の利活用、Webマーケティングや地域へのサービス提供などを含めた「ふるさと回帰産業」、グリーン・ツーリズム、食文化観光、教育ファーム等の「次世代ツーリズム」と定義し、この3つの分野での起業プランを募集していました。この農村六起事業の起業家の選考にあたっては選考基準を設けて審査にあたりました（表2）。通常の「起業」でも重視される「事業性」に加えて、特に「地域性」と「社会性」が移住者のなりわいづくりの上での重要なポイントになると考えました。地域に眠っている未利用資源を活用して新たな価値を付与し事業を創造していくことが重要であり、地域の課題を解決する起業家を創出することこそがふるさとの再生に繋がると考え、「地域の課題解決」をなりわいにしていく起業家を「ふるさと起業家」と名付けました。そのためには単

表２　農村六起ビジネスプランコンペの選考基準

事業性
■六次産業分野のビジネスモデルであるか
■ビジネスモデル（ターゲット、商品・サービス、チャネルなど）が適切であるか
■実現へのプロセスが具体的であるか、ビジネスとして収益性が確保できているか
■経営計画が適切である（起業支援金の使途を含む）かどうか、等々
地域性
■起業地域が明確に設定されており、起業地域との連携・協力関係が築かれているか
■起業地域（自治体、経営体、団体・グループ等）の支援、推薦があるか
■移住・定住（二地域居住を含む）を想定もしくは既に実現しているか
■地域資源の発見にもとづいているか
社会性
■地域の社会的課題の発見、把握、認識が的確であるか
■そしてその社会的課題の解決の方向性が明確であるか
■起業によって地域社会の生活、経済、産業、雇用へのプラスのインパクトがあるか
■地域社会に環境負荷を与えないか
新規性・将来性・応募者資質等
■単なる既存ビジネスの地域展開ではない新規性があるか
■事業が将来性を有しているか
■応募者自身の熱意や起業家としての資質が感じられるか
■その他特別に評価できる点

純に農山村へ移住して起業するということだけではなく、地域の課題把握とニーズ把握が重要であり、移住希望先でのインターンシップを含めた生活体験が必要であると考え、現地研修（インターンシップ事業）も実施してきました。

応募プラン総数３８５件のうち移住者が地域のなりわいづくりを行うプランを立てたものは43件（11・２%）、実際に「ふるさと起業家」として起業支援金の支援を受けたのは全１００件中38件（Uターン者を含む）でした（**表３**）。この事業では「農村の六次産業化」と謳《うた》っていることもあり、基本的には農山村の地域資源を活用するなかで、農産品を活用するプランが非常に多かったのが特徴です。実際に移住者が応募し、合格したプランを起業テーマごとにみていきますと、「地域複合アグリビジネス」分野での「未利用資源」を使った起業、または「課題」となっているものを利

表3　応募プランからみる起業テーマの分類

起業テーマ		応募数	構成比（%）	合格数	合格率（%）	備考
地域複合アグリビジネス	1.新たな農産物の生産と加工流通	50	13.0	17	34.0	耕作放棄地活用
	2.農水産物（規格外品）等の加工	96	24.9	30	31.3	規格外農・海産物活用、木工・家具
	3.農水産物の販売・流通	56	14.5	10	17.9	流通ルート開拓、移動販売、CSA構築
	4.農水産物活用のレストラン	45	11.7	10	22.2	地産地消のレストラン
	小計	247	64.1	67	27.1	
ふるさと回帰産業	5.空き家の開発、木工製品・家具等	8	2.1	1	12.5	空き家活用、ダーチャ開発
	6.農村・農産物へのIT活用	7	1.8	1	14.3	Webマーケティング、農村IT化
	7.農村へのサービス提供	45	11.7	14	31.1	廃校活用、農村支援
	小計	60	15.6	16	26.7	
次世代ツーリズム	8.農水産物（食）ツーリズム	32	8.3	10	31.3	食文化観光、ヒーリングツーリズム
	9.観光・教育の農園・漁園	14	3.6	3	21.4	観光農園・漁園、子どもの教育
	10.健康・医療等の開発	10	2.6	1	10.0	医療・化粧品、健康道場
	小計	56	14.5	14	25.0	
	11.その他	15	3.9	0	0.0	
	12.福祉ケア等（六次産業）	7	1.8	3	42.9	「震災復興コンペ」（仙台）等での特別枠
	計	385	100.0	100	26.0	

（NPO法人ふるさと回帰支援センター『ふるさと起業成果報告』より）

活用するプランが幾つかみえてきます。

例えば鳥取県では「地域の課題となっている鳥獣被害をなんとかしたい」という思いからのハンター民宿というビジネスプランを提案し、狩猟免許という資格を活かして害獣駆除とそれを活かす取り組みとしての「民宿業」をはじめた起業家の移住者も誕生しました。同じく鳥取県で放棄された竹林の荒廃の活用として、孟宗竹の炭焼きとその竹炭をヒーリングに活かすビジネスプランを提案して起業、今では炭小屋の排熱まで活用した「炭窯温熱浴体験」もビジネスの一つとしている移住者もいます。

また、かつての特産品に光をあてるということでは千葉県では建築材などに使われていた房州石を石窯に利用し、地元の食材を利用するピザ店で起業した移住者もいます。起業後3年経ち、地域内外の顧客が付き、2013年には新たな石窯まで作っています。福島県の南会津へ1992年に移住した方は、本業として宿泊業を営んでいますが、かつて特産品であった身知柿が地域住民の高齢化で収穫されずに木になったまま放置されていることに心を痛め、これを利用したフルーツソース（地ソース）として活用するプランで起業、今ではさらに規模を拡大し、地元の農家から届けられる野菜を活かしたバルサミコ酢の生産にも取り組んでいます。

こうした移住者の起業は**表2**で示した地域性を意識したものですが、移住者のなりわいづくりにおける地域とのかかわりをより具体的にみてみると、その実態は多様です。その多様な状況を次章ではみていきたいと思います。

Ⅱ　移住者のなりわいづくりの捉え方

本章では移住者のなりわいづくりの多様なありようを理解するために、地域のなりわいづくりに取り組んでいる4人の具体例を確認したあと、移住者のなりわいづくりの捉え方を整理してみたいと思います。

1　地域に支えられるなりわいづくり：仲里忍さん（農家民宿 ｃａｆｅ ゆんた／福島県二本松市東和地区）

農山村での田舎暮らしにあこがれて移住を志す人たちが増えつつあります。しかし、都市に暮らしていたものが農山村に赴《おもむ》き、なりわいを起こすことは簡単ではありません。特に地域に根ざした業態であればこそ地域の人たちの支えが欠かせません。沖縄県生まれの仲里忍さんは福島県二本松市（旧東和町）で農業技術研修生を経て、同町で農業と農家民宿を起業します。そこで、さまざまな形で地域の人たちのサポートを受けています。

（1）農業技術研修生として移住

仲里さんは沖縄県北大東島に生まれ、石垣島で高校まで過ごし、大阪の建築製図の専門学校で学びました。設計事務所に勤務したあと、派遣社員として各地の工場を渡り歩き、飲食業も経験します。そのころ、田舎暮らしの本を手に取り、自然と関わりながら田舎で農業をしたいと思い至り、2008年、農業技術研修生として福島

図4　農家民宿のテラスで話をする仲里さん

図5　地元のお母さん達の助力を得た料理

県二本松市（旧東和町）に移住することになりました。

東和町では、ＮＰＯ法人ゆうきの里東和ふるさとづくり協議会（以下ふるさとづくり協議会）が受け入れにあたりました。ふるさとづくり協議会は、東和町と二本松市の合併後の地域づくりを担っていくことを目的として設立され、地域コミュニティの再生、農地の再生、山林の再生を活動の柱にして地域自治の担い手となっていました。仲里さんは、ふるさとづくり協議会が県や市から受託する事業の農業技術研修生として、ふるさとづくり協議会の理事長さんの農家でお世話になりました。この事業は新規就農者だけでなく、受け入れ側にも手当があります。双方にメリットがあり、無理なく続けられる仕組みになっています。

(2) 研修から起業へ

田舎での農業を希望して移住した仲里さんは、２００９年春から農業をはじめます。２０１０年からは有機栽培をはじめ、農業者としてやっていこうとした矢先の２０１１年3月、東日本大震災が起こり原子力発電所の事故の影響で農産物が出荷できなくなりました。そこでふるさとづくり協議会による空き家の紹介や、２０１２年度内閣府復興支援型地域社会雇用創造事業に採択され起業支援金の提

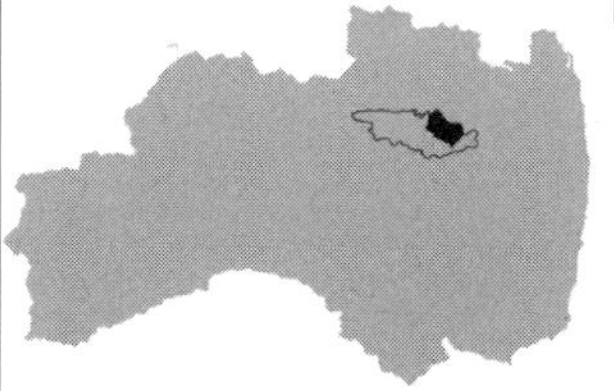

■概要
旧安達郡東和町に相当する地域で、福島県中通り地方の北部、あぶくま山系の西斜面に位置し、狭い谷に沿って集落と桑畑や棚田が点在し、平坦な土地は少ない。かつては県内屈指の養蚕地帯であったが、生糸の輸入に押され、その後の約30 年間で激減した。現在は、地域の気候や風土を活かした有機野菜やコメが農業生産の中心となっている。東和町は2005年12月１日に旧二本松市、安達町、岩代町と合併し現在の二本松市となった。

◎**基本データ**（2015年/東和地区）面積：72.22km²人口：6,513人 世帯数：1,914世帯 高齢化率：36.0%

図６　福島県二本松市東和地区の概要

供といった支援を受け、２０１３年に農家民宿を開業しました。

起業後も地域の支えを受けています。民宿の基本的な運営はもちろん仲里さんが担いますが、お客さんに喜ばれる地元産品を活かした郷土料理は、近所のお母さんたちがつくっています。また、お年寄りがつくる竹細工やわら草履を販売していたりもします。

このように仲里さんが希望した農業はもちろん、地元の人たちの支えをうけて民宿を起業し、複数のなりわいによって仲里さんは地域のなりわいを起こしています。

（３）地域に支えられるなりわいづくり

ふるさとづくり協議会のみなさんの「選ばれる農村になっていかなければいけない」という思いを背景にしつつも、「助け合うのは地域にとっては当たり前のこと」と仲里さんを支える気質と、それを受け入れ新しいなりわいを起こす仲里さんが良好な関係を築いているといえます。仲里さんの例からは、地域のなりわいづくりにおいて地域との関係の重要さが再確認できるのではないでしょうか。

2　地域と支え合うなりわいづくり：山本智さん（農園りすとらんてherberry／秋田県山本郡三種町）

移住した先でどのように生計を立てるかが、移住にまつわる課題の一つです。起業する業態には、地域と関わりのないものもありますが、地域と関わり、地域の価値を顕在化するようななりわいもあります。そんな地域のなりわいづくりの例として、秋田県三種町の山本智さんの取り組みがあります。山本さんは、２０１０年に横浜市から三種町へ移住し、自らの土地で育てた野菜やハーブ、近隣の農家・漁師から仕入れた肉や魚を提供する「自産店消」をめざす農園レストランを２０１１年7月に開業しました。

（1）移住までの経緯

２０１０年4月、山本さんは団地住まいの横浜市から三種町へ移住しました。勤めていた会社ではヨーロッパなどの海外案件も手がけ面白かったのですが、「どこか浮いているような感じ」があり、40歳代半ばに移住を意識しはじめます。２００８年3月、ＮＰＯ法人ふるさと回帰支援センターを訪れ、出身の秋田市に近い三種町と出会います。

少子高齢化、農業の担い手不足による耕作放棄地の増加といった課題に対し、移住者支援、営農事業をはじめとした地域づくりに取り組んでいるＮＰＯ法人一里塚のサポートを受けながら、2年間で8回行き来したあと、戦後の開墾地であった荒れたままの土地を譲り受けて、移住しました。

図８　ハーブ園が併設されたレストラン

図７　料理の合間に話す山本さん

（２）起業前後の地域との関わり

移住して店をはじめるまでしばらくは「なにもしない」と決め、三種町の臨時職員として観光ビジョンの作成に携わりながら、食材調達ルートの開発をはじめとした地域の人たちとの丁寧な関係構築に時間をかけました。当初、山本さんの思いは理解を得られないこともありましたが、形にすれば価値はみえるとの思いで、準備を続けました。２０１１年２月「農村六起事業」に採択され、荒れた敷地を自ら拓いて農園を起こし、移住して１年３ヶ月後の２０１１年７月に農園レストランを開業します（２０１２年４月フルオープン）。当初、批判的だった人も理解を示してくれるようになりました。「体力、財力、時間は必要だったが、方向は間違っていなかった」と山本さんは振り返ります。

農園ではハーブや野菜が植えられ、ヤギも飼われています。ハーブや野菜が料理となり、料理の残り物をヤギが食べ、堆肥になります。そしてヤギの乳はドルチェになるというような循環にある「自産店消」がめざされています。食材は近隣の農家・漁師などから旬のものを仕入れます。人の紹介を重ねて広げていき、今では20ほどの仕入れ先となっています。地域の人に関わり地域の人に支えられる農園レストランとなっています。

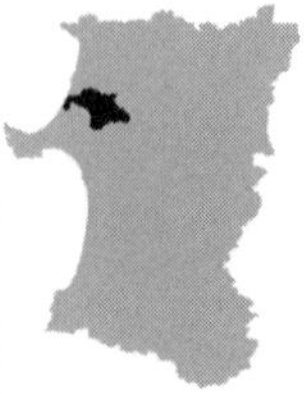

■概要
秋田県北西部に位置し、房住山に源を発する三種川がほぼ中央を流れ、八郎湖へと注いでおり、東部の丘陵地から西部の平坦地までゆるやかに傾斜した地勢となっている。2006年３月20日に山本郡琴丘町、山本町、八竜町の３町が合併して三種町が誕生した。旧山本町地域はじゅんさいの生産量が日本一である。

◎基本データ（2015年）
面積：248.09km^2 人口：17,078人 世帯数：6,010世帯 高齢化率：39.6%

図９　秋田県山本郡三種町の概要

（3）地域への展開

「レストランは手段かもしれない、移住したい思いが先にあった」、目的地は「10年、20年経たないとわからないが、方向はこっち、ふるさとをつくりたいとの思いでやってきた」と山本さんは語ります。ヤギに象徴される、なくしてはいけない原風景であり、やさしく強い「ふるさと」は多くの人を包み込むことができます。そんな「ふるさと」としての農園には、地域のひきこもりの青少年や障がい者、高齢者にも開放され、自然や社会と関わる一つの機会となっています。山本さんが起こした農園レストランは、地域の資源を再発見し、「ふるさと」としての価値を地域の人たちに伝える場となっているのではないでしょうか。

３　なりわいづくりから地域づくりへ：中村隆行さん（株式会社漁師中村／鳥取県西伯郡大山町）

農林漁業の担い手不足を解決するために新規の就農などをめざす都市住民への研修制度は１９８０年代にはじまり、１９９０年代に入ると行政による支援が本格化して、多くの農山漁村で行われてきました。この研修制度は都市住民が農山村でなりわいづくりを目指すためのわかりやすい入り口ですが、農林漁業のみでは必ずしも経済的な生活基盤を確立できないことが多く、ある調査によると、農業の場合、新規就農から5年目以上を経過した人でも生計が成り立っているのは45%であるとされています。従って農林漁業だけではなく、新たななりわいづくりを目指す移住者もいます。ここに紹介する中村隆行さんは埼玉県から鳥取県大山町（旧中山町）に移住し、2002年から鳥取県で漁業研修を受けて漁師になりました。2010年には収穫した水産物の加工や、県内外への販売を手掛ける（株）漁師中村を設立するだけでなく、地域の人とコミュニティ・スペースを立ち上げ移住者と地域をつなぐサポートを進めています。

(1) 体験・移住から就業・起業へ

中村さんはそれまで漁師の経験はなく、東京の飲食店で接客の仕事などをしていましたが、転職雑誌で「素潜り漁師募集」の記事をみて、2001年4月に大山町（旧中山町）に移住しました。具体的には「鳥取県田舎暮らし体験事業」に参加し、行政の支援を受けつつ漁師体験をはじめました。2002年4月から2005年3月までの3年間は「鳥取県船の担い手事業」の漁業研修によるベテラン漁業者（親方）によるマンツーマン指導を受けました。最初はウエットスーツもまともに着られず、腰に重りを付けても全然潜ることができませんでしたが、3ヶ月で潜れるようになり、半年ほどで一回の漁で約10キログラムのサザエが獲れるようになりました。2005年4月に漁師として独り立ちして、主にサザエ、アワビ、ウニ、ワカメなどを収穫しています。

しかしながら漁業での所得の落ち込みもあり、2010年「農村六起事業」の採択を受けて、同年12月に（株）

図10　（株）漁師中村鮮魚工房

図11　物産展での販売

漁師中村を設立しました。収穫した水産物を県内のレストランや、インターネットの通販サイトや東京のアンテナショップなどで販売もしています。漁場である御崎海岸一帯は中国地方最高峰の大山を源流とする軟水度の高い清流が多く流れ込むため良質な海草の宝庫となっています。特に日本百名谷の渓流のひとつとして数えられている甲川《きのえがわ》の河口で収穫するわかめを加工し「甲《きのえ》わかめ」としてブランド化して販売し、高い評価を得ています。

（2）地域づくりの上での移住者のサポートにかかわる

ところで中村さんは漁師ですので海の近くに住んでいるのかと思いきや、約4キロメートル内陸に入った集落に住んでいます。ですので、なりわいのネットワークがそのまま生活のネットワークとはならなかったそうです。そのため独自に生活のネットワークづくりが必要になりましたが、これこそがその後の地域づくり活動へとつながっていきます。

中村さんはこのネットワークを活かして自主組織「築き会」を移住者や起業した人、地域住民などと立ち上げ、地域資源の活用と地域活性化を図ることを目指し、さまざまな活動を展開しています。この「築き会」の活動拠点として、古民家を改

■概要

鳥取県西部位置し、中国地方最高峰の大山山頂から日本海まで含む地域である。主要産業は農業、畜産、漁業、観光である。日本海に面した地域では漁業が盛んで、沿岸漁業によりサザエ・ヒラメ・ハマチ・タイ・アジなどのほか、ウニ・板ワカメは特産品としても有名である。2005年3月28日に旧大山町、名和町、中山町が合併して現在の大山町となった。

◎基本データ（2015年）　面積：189.8km^2 人口：16,470人　世帯数：5,300世帯 高齢化率：37.7%

図12　鳥取県西伯郡大山町の概要

修し２０１３年にオープンしたのがコミュニティ・スペース「まぶや」です。「まぶや」には大山町移住交流サテライトセンターが併設されており、大山町（行政）と協力しながら、中村さんは自分が経験してきたことを活かした移住者に対するサポート、特に地域と移住者とをつなぐサポートを進めています。

4　地域のなりわいを受け継ぐ：宮﨑雅也さん（株式会社たじまや／島根県隠岐郡海士町）

農山村への移住を希望する人々は増えてきているといわれていますが、家族が安心できる住まいや暮らしの糧になる地域のなりわいがないために移住に踏み出せない人がいます。これまで起業してきた人たちをみてきましたが、移住者自身の思いを大切にしながら地域で積み重ねられたものを引き継ぐ「継業」ともいえるような地域のなりわいづくりの形態もあります。鳥取県海士町に移住した宮﨑雅也さんはそんな継業にチャレンジしています。宮﨑さんは、２００６年大学を卒業後、海士町へ移住し、畳屋・磯渡し（釣り客のための渡船）・民宿・農業・なまこ加工と複数のなりわいを営む但馬屋さんにお世話になり、1年を過ぎた２００７年6月、なまこの製造販売を主な業務とする（株）たじまやを設立しました。

図13　加工場の前で話す宮﨑さん

図14　加工場に併設されたなまこ乾燥スペース

（1）移住までの経緯

宮﨑さんと海士町との出会いは2005年6月、一橋大学4年生のことでした。修学旅行で東京に来た海士町の中学生が総合学習の成果発表に大学を訪れたとき、地域産業振興論のゼミ生として応対しました。中学生の発表や、引率の課長さんの「海士の産業振興に必要な外貨を獲得できる産業」として、島では平安時代から干しなまこ、干しあわびを加工していた話に興味を持ち、2005年夏、ゼミの仲間と海士町を訪れます。なまこ加工をしていた但馬屋さんに案内され、夏には民宿、米づくり、漁業、冬にはなまこ加工…という半農半漁の暮らしにすごく惹かれ、「ここでお世話になりたい！」と移住を決意しました。

（2）就業から起業・継業へ

2006年春、海士町に来てからは、町、行政などから多くの支援をうけました。初年度は町の「商品開発研修生」の扱いを受け、ふるさと島根定住財団から家賃補助を、2、3年目には漁業後継者育成のための支援を受けました。2007年6月になまこ加工の業務を法人化しましたが、それにも国の補助事業（農林水産省・農山漁村活性化プロジェクト支援交付金事業）による加工場の建

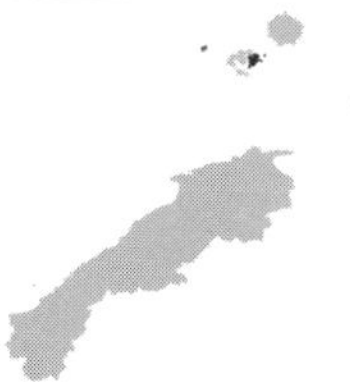

■概要
日本海の島根半島沖合約60kmに浮かぶ隠岐諸島の中の一つ中ノ島に位置する１島１町の町。対馬暖流の影響を受けた豊かな海と、名水百選に選ばれた豊富な湧水に恵まれ、自給自足のできる半農半漁の島。海士町発祥の隠岐民謡に由来する「キンニャモニャ宣言」を掲げるなどユニークな地域づくりの町として有名である。

◎基本データ（2015年）
面積：33.43km^2　人口：2,353人　世帯数：1,057世帯　高齢化率：39.0%

図15　島根県隠岐郡海士町の概要

設などの支えがありました。この事業は、但馬屋の女将さんが「若い人が来ているのに施設を自前でそろえられない、なんとかならないか」と議員に相談したのがきっかけでしたが、町長さんの地元説明、課長さんをはじめとした行政職員の書類作成などの助力を得て、採択に至りました。それを機に、宮﨑さんは、多くの業を営む但馬屋さんにお世話になりながら、新たに法人を立ち上げ「起業」しました。しかし、宮﨑さんにとっては「起業したという感覚はなく、まだ半分雇われのような気持ち」であり、「個人事業としての但馬屋と（株）たじまやは、実質的には違いはなく、同じ主体で財布を分けているようなもの」で、「人には「寄り添う」、「寄生する」方の「寄業」だといってる」と笑いながら振り返ってくれました。

（３）さまざまなものを受け継ぐ「継業」

但馬屋さんのなりわいを引き継ぐ「継業」という一見特殊な形態ですが、但馬屋さん、海士町の人と自然から学びたいという宮﨑さんの思いを着実に実現してきた自然な結果であるように感じられました。立ち上げたなまこの加工についても、「但馬屋のじっちゃんが漁師さんとのつきあいを20年近く重ねて、みんなが認めてくれているから今がある」とのことですし、Ｉターン者の課題になりがちな、地域の人とのつきあいも「但馬屋の宮崎」として受け止められたため、特に困っていることはないそうです。経営資源だけでなく地域の信頼関係も受け継いでいるといえます。人口が減り続ける農山村の地域資源をどのように受け継ぐかを考えた際の、ひとつの解答のように感じられました。

5　多様ななりわいづくりの捉え方

(1)　地域のなりわいの局面

これまでの4人の取り組みの例にみてきたように、移住者のなりわいづくりのありようは多様です。わたしたちはその多様なありようをわかりやすく理解しようとするときに、地域のなりわいへの関わり方から整理できるのではないかと考えています。

地域のなりわいへの関わり方については、5つの局面に整理することができます（図16）。1つ目は地域の生活・生産活動の「体験」、2つ目は地域のなりわいの枠組みを学ぶ「研修」、3つ目は既存のなりわいの枠組みに参画する「就業」（就農などを含む）、4つ目には既存のなりわいの枠組みを引き継ぐ「継業」、5つ目はなりわいの枠組みを新たにつくる「起業」です。「体験」・「研修」は、生産過程を「体験」する場合、なりわいの枠組みを「研修」にて学ぶというように、滞在の目的で整理することができます。「体験」・「研修」は、特に具体のものを生産し生活の基盤をつくるわけではありませんが、「就業」・「継業」・「起業」する前の局面として、地域の人たちとの「交流」を通じた相互理解、「就業」・「継業」・「起業」前の関係構築という点で重要な局面であると

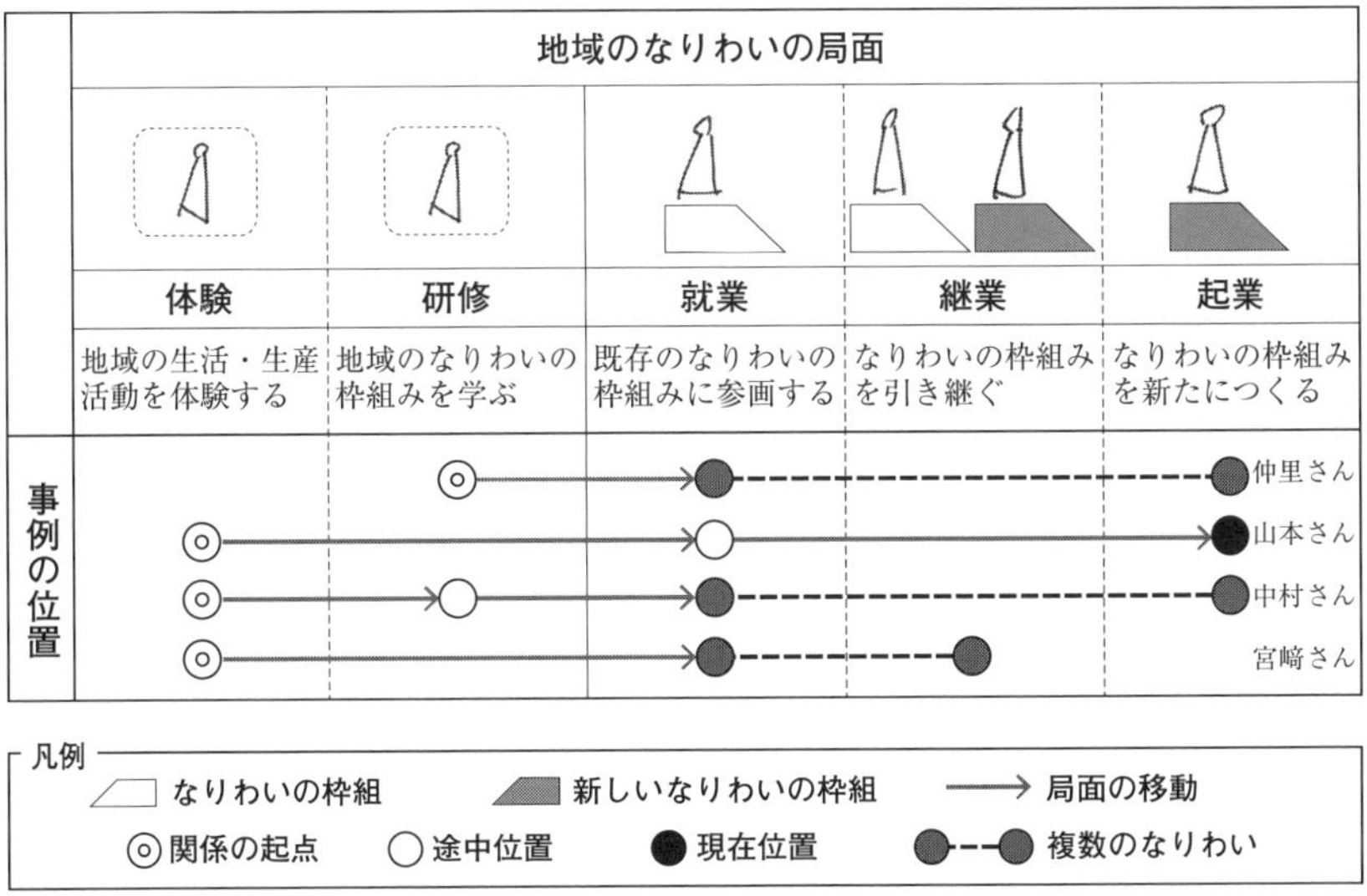

図16　地域のなりわいへの関わり方

いえます。

「就業」・「継業」・「起業」は、実際に移住した後、具体のものの生産過程に携わり、生活の基盤をつくろうとするものでありますが、なりわいの枠組み（法人や組織の種別といった生産主体の種類、生産主体と地域との関係）に対する移住者の関わり方によって整理することができます。「就業」と「継業」は既存のなりわいの枠組みの中に自らを位置づける形態であり、「継業」と「起業」は新しいなりわいの枠組みを自ら立ち上げる形態であるといえます。つまり、「継業」は既存の枠組みの中に自らを位置づけつつ、新しい枠組みを立ち上げる形態と整理することができます。人口減少過程にある農山村の地域資源を受け継ぐ可能性がうかがえる局面の一つだと考えています。

こうした地域のなりわいへの関わり方から、移住者のなりわいづくりを捉えてみたいと思います。具体例で確認していきましょう。

（2）具体例にみる移住者のないわいづくり

仲里さん・農家民宿ｃａｆｅゆんた（福島県二本松市東和地区）：事前の「体験」はなく農業技術研修生として「研修」のために移住しました。その後、さまざまな形で地域の人たちの支えを受けながら就農（「就業」）し、農家民宿を「起業」します。

山本さん・農園りすとらんてherberry（秋田県山本郡三種町）：移住先を検討する過程で2年間8回、三種町に通い地域の実情を「体験」したあと移住しました。その後、町の臨時職員として観光ビジョンの作成に携わりながら（「就業」）、地域の人たちとのネットワークを構築することで起業の準備を継続し、1年半後、念願であった農園レストランを「起業」しました。

中村さん・（株）漁師中村（鳥取県西伯郡大山町）：大山町へ移住したあと、漁業「体験」をはじめ3年間の漁業「研修」を受け、その後、漁業協同組合にて漁師をやりながら（「就業」）、収穫するわかめの加工・販売を手がける漁師中村を「起業」しました。

宮﨑さん・（株）たじま屋（島根県隠岐郡海士町）：移住前の大学生時代に夏、秋、冬と3回海士町に通い、交流を重ねました（「体験」）。地域の人たちとの信頼関係を構築しながら移住し、当初は但馬屋さんの仕事のお手伝いとして「就業」します。その後、補助事業を受けてなまこの加工場の建設を機に、（株）たじま屋という新しい枠組みを立ち上げました。地域の枠組みに位置づけられながら新しい枠組みを立ち上げた「継業」の形態といえますし、従来からの但馬屋さんでの民宿、農業なども継続しており「就業」形態も続いているといえます。

以上のように、移住者のなりわいづくりを整理することで、どのようなことが読み解けるでしょうか。以下のようなポイントにまとめることができます。

(3) 地域のなりわいづくりのポイント

①起業の前には必要な準備をする

移住の前に「体験」・「研修」をして地域との関係を築いてから移住をしています。まず移住した場合でも、最初から「起業」・「継業」することはなく、移住した後に「体験」や「研修」などによってなりわいの枠組みを学びながら、なりわいづくりの準備を十分行った上で「起業」・「継業」していることがわかります。その局面は時間とともに変化しており、移住者がいきなり地域のなりわいづくりをすることはありません。特に「継業」においては農山村住民との信頼関係構築が欠かせません。わたしたちは、とかく、すぐに結果がみえる地域のなりわいづくりを求めがちですが、その前段となる「体験」・「研修」といったいわゆる都市農村交流の裾野を広げておくことが、結果として農山村の次世代の担い手によるなりわいづくりにつながっていくことが示唆されます。

②複数の局面が併存している

一つの枠組み、一つの形態にとどまることなく、「就業」と「起業」、「就業」と「起業」というように複数の局面を併存させている例が多いといえます。

こうした複数のなりわいの局面を併存させることは、まちづくりに関わる若手の働き方においてもみることができます（日本都市計画学会関西支部次世代の「都市をつくる仕事」研究会、２０１１）。専門的職能を活かしたコンサルタントというまちづくりの支援者の側面と、ＮＰＯなどを通じてまちに直接働きかけるまちづくりの主体としての側面の二つの立場を行き来することで、まちづくりの主体としてまちの魅力を発見する取り組みを試行し、その結果、確立された手法を使ってまちづくりの支援者としての仕事に活かすという工夫がみられます。

こうした複数のなりわいの局面を併存させることの利点は、地域のなりわいづくりにおいてもうかがえます。仲里さん、中村さんのように一次産業は自然を相手にするなりわいですので、季節による変動があります。農家民宿や生産物の加工によって収入を安定させる工夫となっていることがうかがえます。また、宮崎さんや但馬屋さんの働き方にもあるように、磯渡しのお客さんに民宿に泊まってもらうだけでなく、農産品やなまこを加工したものを民宿のお客さんに提供する、というように、それぞれのなりわいを相互に関連させられる利点もあります。これは、家族が食べる分をまかなう小さな農業と残りの時間を自分自身のやりたいことに費やすという「半農半Ｘ」（塩見、２００８）とよばれるライフスタイルにもつながる働き方といえるのではないでしょうか。

Ⅲ　移住者の生活となりわいづくりの支え方

1　移住者の生活づくりを支える

(1)　移住者の生活づくりの流れを理解する

移住者が農山村での生活づくりを進める過程でさまざまなサポートを受けていることが、Ⅱで紹介した方々をはじめとするわたしたちの調査ではわかってきましたが、移住者が生活づくりを行っていく段階ごとにサポートをする主体は異なっています。その流れを整理したものが**図17**です。移住者が都市から移住をしようとするきっかけづくりの段階でのサポート（A）、その移住者の地域への入口づくりというサポート（B）、移住者を地域住民とつなぐサポート（C）、そして移住者が実際に地域での生活づくりを行う上での身近な（日常的な）サポート（D）の4つに分けられます。

まず都市住民に情報を提供して移住を促したり、他地域ではなく自らの地域へ移住者をいざなうさまざまな施策（A）は都道府県行政（①）が中心となって行われています。移住交流課や移住促進課など専門の部署を持っている都道府県も少なくありません。また、東京事務所などの都市圏に事務所を置く道府県では、日常的に情報提供、相談、セミナーなどが開催されています。

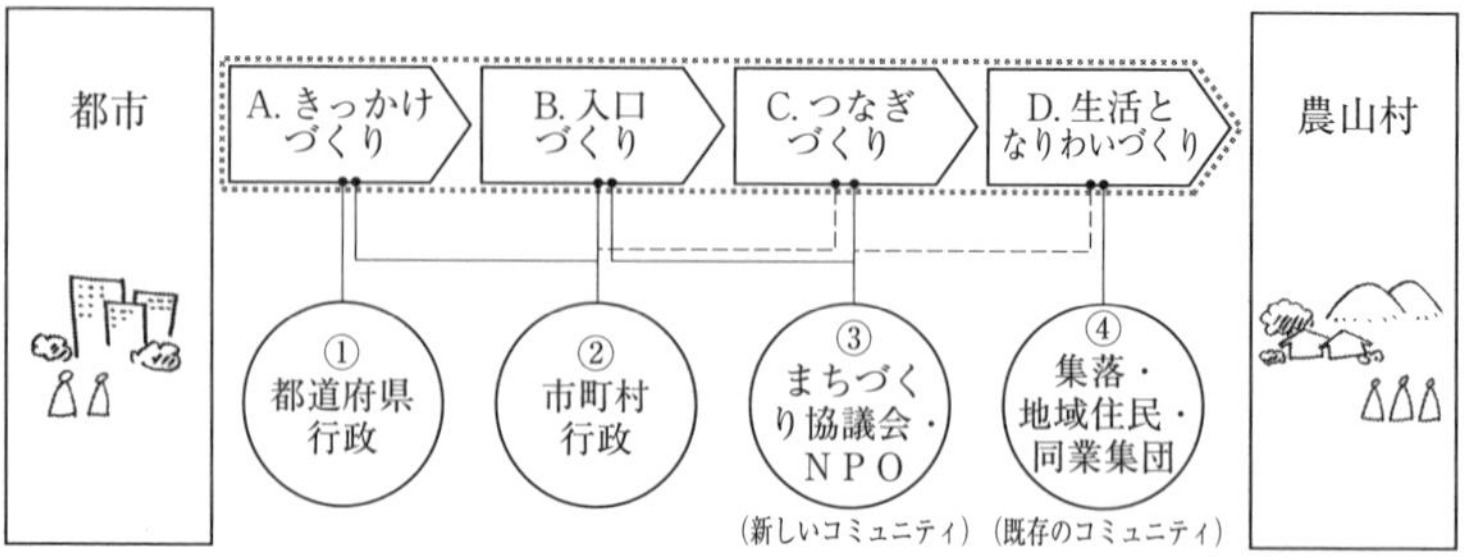

図17　移住者の生活づくりの流れと支え方

移住に際して、移住者がまず頼るのは移住先の地元行政、つまり市町村行政（②）となることが多いようです。住民登録など引っ越しに伴う手続きだけではなく、慣れない農山村での生活についての相談を受け付けてくれる窓口となっています。これが地域への入り口づくり（B）です。しかしながら、平成の市町村合併を機に行政域が拡大したことや、移住やなりわいづくりが通常の行政業務の範囲を超えることがあることもあり、まちづくり協議会やNPO（③）などがその役割を担う市町村もあります。

一方で、農山村に移住したのちに日常的にお世話になる地域の住民、集落や自治会など地縁的な既存のコミュニティ（④）により密着した場面でもさまざまな生活づくり（D）のサポートを受けます。Ⅱでみた具体例からも垣間みられた通り、慣れない生活への日常的なサポートがある一方で、地域の習慣やムラの決め事の確認という重要な手続きもあります。例えば鳥取市西郷地区のある集落では、集落の行事、普請や総事《そうごと》（物事）といった集団作業に参加をどの程度求めるのか、集落会費その他の費用負担はどうするのか、また地域の組織や各種団体への帰属はどうするのかなどを移住者との間で確認をして、それに基づいて日常的なサポートをしています。

ところで入り口づくり（B）から生活づくり（D）へは、地域の事情に詳しくない移住者任せにしていてもうまくいかないことが多々あります。そこでつなぎづくり（C）のサポートが重要になります。地域での生活づくりを支える集落や地域住民に移住者を紹介することから、移住者というヨソモノと地域住民との細かい意識のズレの調整などありとあらゆる「つなぎ」が求められますが、コミュニティにとっては地域の活動や地域づくりに移住者を受け入れるプロセスともいえるでしょう。このような役割は、市町村行政（②）だけが担うのではなく、ＮＰＯやまちづくり協議会（③）などが担っている例も少なくありません。つまり、行政でも既存の地縁的なコミュニティでもない新しいコミュニティ（地域運営組織）の役割がそこにはありそうです。

（2）和歌山県にみる連携型移住支援モデル

このような移住者の生活づくりの、きっかけづくり（A）、入口づくり（B）、つなぎづくり（C）の流れを意識した支え方を市町村などと連携して行っているのが和歌山県です。和歌山県では２００６年からの「わかやま田舎暮らし支援事業」を端緒に「田舎暮らし応援県わかやま」をキャッチフレーズに、都市から農山村への移住支援を積極的に展開しています。和歌山県はまずきっかけづくり（A）に力を入れています。ウェブサイトによる移住支援の仕組みや地域紹介などの情報提供がなされていますが、その他に和歌山県ふるさと定住センターを設置し、セミナーの開催や農山村体験研修・田舎暮らしサポート研修などが行われています。和歌山県の特徴は県の政策を市町村行政と連携を密にとって進めているところです。

図 18　和歌山県の田舎暮らし推進地域とワンストップパーソン

（和歌山県企画部地域振興局過疎対策課資料より）

和歌山県では都市からの移住者受入れをモデル化するため、市町村行政において移住相談を受けるワンストップ窓口（ワンストップパーソン）を置くことになっています。この部分が入口づくり（B）です。和歌山県が発行する田舎暮らしガイド『田舎暮らし応援県わかやま』には、各市町村の問い合わせ先に加えてワンストップパーソンとして市町村行政の担当者が顔写真入りで紹介されており、まさに移住者に対する入口として機能をしています。さらに、地域住民による受け入れ組織が設置された市町村を和歌山県は田舎暮らし推進地域に指定しています。この受け入れ組織はＮＰＯや協議会などが担っており、この部分がつなぎづくり（Ｃ）といえるでしょう。和歌山県の田舎暮らし推進地域は２００６年に５町でスタートしましたが２０１４年には17市町村まで広がっています（図18）。

和歌山県は田舎暮らし推進地域の17市町村の地域住民の受け入れ組織に対して活動支援のための補助金（県２分の１、市町村２分の１で上限50万円）を出すなど財政的な支援を行う一方で、17市町村のワンストップパーソンや受け入れ協議会同士の情報交換会の開催なども行っています。従って補助金や情報交換を通じて和歌山県行政としては移住希望者へのきっかけづくりだけではなく、市町村に向けた移住者受け入れ体制を整えるきっかけづくりも同時に行ってきたといえるでしょう。

（３）地域との「つなぎづくり」の実態

次に移住者と地域をつなぐ、つなぎづくり（Ｃ）の実態について２つの例をみてみましょう。

一つ目は和歌山県のワンストップパーソンの例として日高郡日高川町を取り上げます。日高川町は２００５年に川辺町、中津村、美山村が合併してできた町です。合併前から移住の受け入れを積極的に取り組んできており、特に旧中津村はその先進的な取り組みをしてきました。旧中津村の移住者受け入れの取り組みは１９９１年に「なかつ移住者推進協議会」という民間組織が発足し、菜園付き住宅の販売を展開したことにはじまります。その後、２００２年に移住者と地域住民および町（行政）との協働の地域づくり団体である「ゆめ倶楽部21」が発足します。当初は都市と農山村の交流などを積極的に行い、移住希望者のすそ野を広げる取り組みを行ってきました。例えば「米づくり塾」といった交流事業などを実施し、これがきっかけとなって移り住んだ人もいます。移住者が多くなってくると移住者の受け入れ組織としての色合いを強くしていきました。２００５年に市町村合併をして日高川町になると、２００７年に日高川町は和歌山県の田舎暮らし推進地域となり、ゆめ倶楽部21の事務局を担当する日高川町役場職員がワンストップパーソンの役割も担うこととなります。２００８年に竣工した日高川交流センターを拠点に、日高川町役場職員が常駐して事務局機能を果たしています。

　ゆめ倶楽部21でのつなぎづくり（C）の活動は事務局でもありワンストップパーソンでもある日高川町役場職員が役割の多くを占めて、地域の案内や空き家探しなど移住に関するあらゆる相談を一手に引き受けています。事務局以外のゆめ倶楽部21のメンバーも前述の「米づくり塾」を運営したり、短期滞在施設「風呂谷《ふろんたに》ヴィレッジ」という移住希望者向け田舎暮らしお試し住宅を運営するなど積極的な取り組みを行っています。特にこれらの活動をしている地域住民は移住者が多く、移住者が新しい移住者のサポートをはじめるという循環がうまれているところが特徴になっています。行政職員と地域住民がメンバーとなっているゆめ倶楽部21のつなぎづくり（C）は、行政職員がワンストップパーソンとして業務内で日頃のつなぎづくりをする一方で、他のメンバーが独自の取り組みをしており、行政と地域住民の協働によるつなぎづくりができているといえるでしょう。

　二つ目は、新しいコミュニティが中心となってつなぎづくりを行っている例として、Ⅱでとりあげた仲里忍さんが住む福島県二本松市東和地区を取り上げます。二本松市東和地区は２００５年に当時の二本松市、安達町、

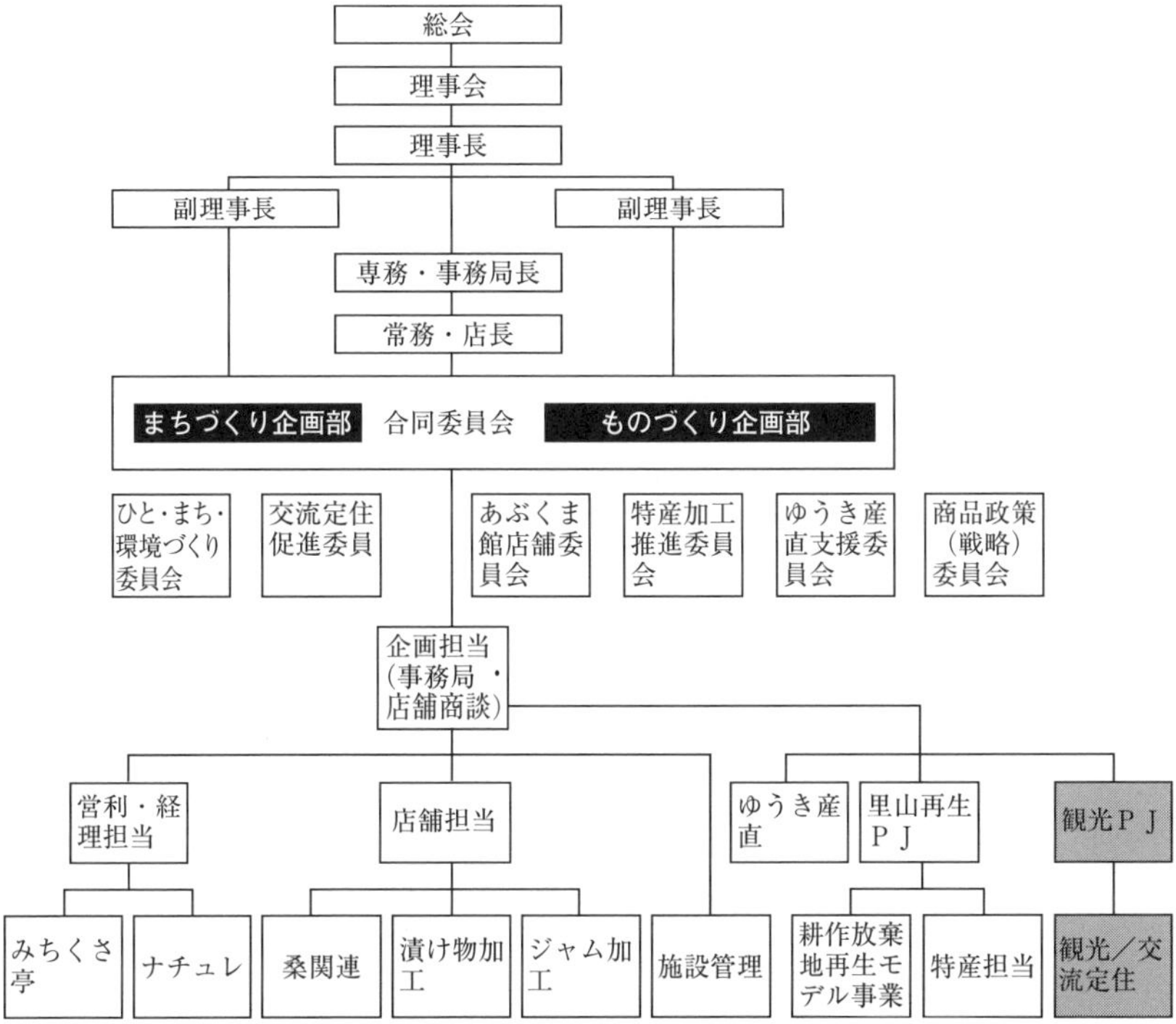

図19　NPO法人ゆうきの里東和ふるさとづくり協議会組織図

岩代町と合併をした旧東和町がそれにあたります。合併とほぼ期を同じくしてＮＰＯ法人ゆうきの里東和ふるさとづくり協議会が設立されます。そもそもは、コミュニティ、農地、山林の再生に自分たちで取り組むことを目指して立ち上げた組織で、道の駅の指定管理を受託することなどで総合的な地域づくりを担う地域運営組織となっていきました。現在の組織図（**図19**）にあるとおり、まちづくり企画部とものづくり企画部を置いており、商品開発・販売を担うものづくり企画部での収益をまちづくりに還元する方向を目指しています。２００８年には福島県から「ふるさと暮らし案内人」に認証され、あわせて都市との交流定住促進をはかるための二本松市東和グリーンツーリズム協議会を担うなど、交流や移住に関する活動を進めてきました。組織図では、移住に関わる部分は観光プロジェクトの中に位置づけられています。具体的には相談窓口を設けて相談に乗るという入口づくり（B）から、空き家探しから賃貸契約の手伝い、地域の人々とのお付き合いなどの助言などつなぎづくり（C）まで行っています。

ふるさとづくり協議会は、名前にもあるとおり有機堆肥を活用した農業を目指した協議会でもあるので、グリーン・ツーリズムなどの農業体験、農業研修や特別有機栽培に関する営農支援をはじめとする新規就農支援に関連する活動が行われてきました。この農業との関連のなかで移住者へのサポートが行われてきたのですが、現在ではその活動範囲が農業にとどまらない総合的な地域運営組織となっているため、起業支援など各種の行政施策の紹介といった間接的なりわいづくりのサポートも行っているところが特徴といえるでしょう。

この2つの例から読み取れることは、両組織とも移住者の受け入れだけに特化した活動をしているわけではないということです。都市と農山村の交流事業をはじめとする総合的な地域づくり活動を日ごろから行っており、そういった活動と移住者の受け入れ（つなぎづくり（C））活動は直接的、間接的に結びついているようです。従って、行政でも既存のコミュニティでもない、総合的な地域づくり活動に取り組む新しいコミュニティ（地域運営組織）には、移住者を地域とつなぐという役割がありそうです。

2　移住者のなりわいづくりを支える

（1）既存のコミュニティでの支え方

ところで、移住者が地域のなりわいづくりを行う際にはどのようなサポートを受けているのでしょうか。本書で取り上げている起業した移住者の人たちは、生活づくり同様に集落や地域住民といった既存のコミュニティ④からさまざまなサポートを受けていることがわかりました。

例えば秋田県三種町で農園レストランを起業した山本智さんは、食材をすべて自給自足しているわけでもなければ問屋などを通して供給を受けているわけでもありません。農園レストランというコンセプトそのものがその地域にある食材を活かすものであり、農園レストランでつかう食材を地域コミュニティから供給を受けています。つまり地域コミュニティのサポートがあるからこそ農園レストランというなりわいづくりが成り立つといえるでしょう。継業の例でみた島根県海士町の宮﨑雅也さんは、継業として受け継いだ既存のコミュニティとのネットワークがなりわいづくりを支えているといえます。なまこの加工というなりわいづくりが行えたのは、受け継いだ但馬屋さんが20年近く取り組んできたからであり、漁師とのネットワークはもちろんのこと、但馬屋さんの取り組みを地域コミュニティが認めているからに他ならないといえます。

福島県二本松市東和地区で農家民宿を起業した仲里忍さんはよりわかりやすい地域コミュニティからの支えを受けています。とりたてて料理が得意ではない仲里さんは宿泊客に提供する食事を地域のおばさんたちに依頼をして作ってもらっています。昔からその地域の食材を活かして日頃の食事を作ってきた地域のおばさんたちはプロではないにしろ、地域の食材を熟知した料理人であることには違いありません。また農家民宿での体験活動には竹細工や藁草履をつくる活動がありますが、その指導には地元の高齢者に依頼をして、つくられたものは仲里さんが物販も行っています。もちろん仲里さんは対価を地域の人たちに支払っているので、その意味では小さいながら地域のなりわいづくりが経済的にも波及しているといえるでしょう。

このように集落や地域住民による移住者による地域のなりわいづくりの支え方をみてみると、特別に制度化された支え方というわけではなく、移住者の生活づくりの支え方の延長線上にあるもののようです。福島県二本松市東和地区での調査を通して「移住者へのサポートは昔からある地域の支え合いであり、地域にとっては当たり前のこと」との話を聞きました。つまり地域に住まう上で必要な地域住民間の個人のネットワークの上で、なりわいづくりのサポートも行われているといえそうです。

⑵ なりわいづくりを移住者に促す

前段の結論では、昔からの支え合いがある農山村コミュニティだからこそなりわいづくりの支えになる、というありふれた結論に終わってしまいそうですが、むしろわたしたちが注目したのは都道府県（①）や市町村（②）、そして新しいコミュニティ（③）の役割です。

まず都道府県の例として、和歌山県のなりわいづくりに対するサポートをみてみましょう。和歌山県は移住者を対象にした「移住者起業補助金」を2012年から行っています。和歌山県が行っていることは起業に関するさまざまな情報提供や財政支援、意見交換の場の設定などであり、移住者の立場から考えた場合、いずれもなりわいづくりのきっかけづくりといえるでしょう。「移住者起業補助金」の条件として「農林水産物、伝統的生活文化や自然環境などの地域資源を活用した新たな起業」が掲げられ、選考基準には事業性や熱意だけではなく地域性、社会性が挙げられており、地域とのつながりを重視したなりわいづくりを促す取り組みです。このような起業支援は都道府県だけが行っているわけではありません。例えば島根県邑智郡美郷町の美郷カレッジ起業コンテストなど市町村で取り組む例も出てきていますし、Ⅰの2でみた農村六起事業のように国（内閣府）がNPOなどを通じて行った例もあります。国や都道府県、市町村は財政的な支援を行うことを通じて、移住者に地域のなりわいづくりを促す仕掛け（きっかけづくり）を行っているといえるでしょう。

一方、なりわいによる収入が十分でない場合のサポートが行われている地域もあります。例えば島根県海士町は体系化された行政政策として商品開発研修生制度を行っています。この制度は、ヨソモノの発想と視点で、特産品開発やコミュニティづくりに至るまで、海士町にある地域資源にスポットをあて、商品化に挑戦してもらえる制度であり、月給が支払われるものです。また福島県二本松市東和地区のふるさとづくり協議会が指定管理を受けている道の駅で、閑散期に職員、パートとして雇用することで収入の補てんというサポートを行っています。このように市町村行政（②）や収益部門を持つ新しいコミュニティ（③）が収入面でのサポートを行うことがあるようです。

（3）移住者のなりわいづくりを支える流れ

以上をみてくると、なりわいづくりのサポートには大きく「なりわいづくりを促す仕かけ（a）」、「軌道に乗るためのサポート（b）」、「日常の運営へのサポート（c）」という3つに分けられそうです。このサポートの流れにⅡで取り上げた移住者のなりわいづくりのサポートの実態をあてはめてみたものが図20です。「なりわいづくりを促す仕かけ（a）」はいわばきっかけづくりであり、国や都道府県、市町村などの行政を中心に起業支援金という形でサポートが行われていますし、農業（漁業・林業）研修の実施などもここに位置づけられそうです。「日常の運営へのサポート（c）」は本節の（1）で紹介した通り、そのなりわいづくりに応じた多種多様な支えが、集落や地域住民、同業者といった既存のコミュニティによって行われています。

「軌道に乗るためのサポート（b）」は山本さんや宮崎さんは閑散期や起業前の臨時の雇用を市町村行政から、仲里さんは新しいコミュニティから得ています。また仲里さんや宮崎さんは民宿をやるための空き家の確保やなまこの加工場の設置など「なりわいづくりの場」を得るためのサポートを受けたといえるでしょう。中村さんの場合は漁師として移住してから新たに起業をするまでの間に自身で培ったネットワークを活かせたこともあり、「築き会」という組織を立ち上げています。「築き会」は地域住民や移住者、起業家などが参加をしており、一種の「サロン」的な情報交換の場として機能をしていますので、中村さんもそのなかで支えられているといえるでしょう。もちろん中村さん自身にも他のメンバーを支える立場があることはいうまでもありません。このようなさまざまな人が集う「サロン」的な機能は実際に拠点を持つことで強化されていっています。「築き会」が中心

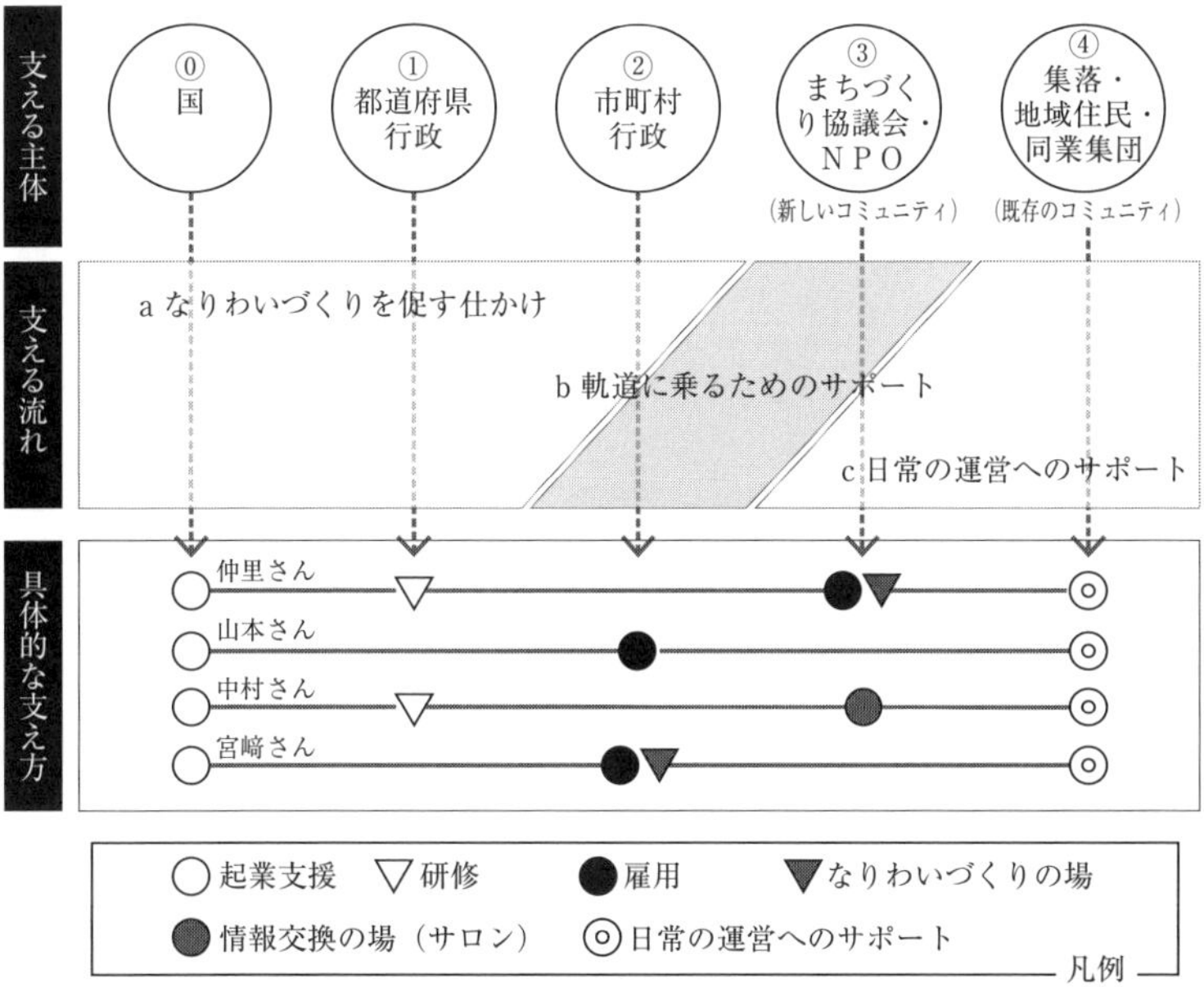

図20　移住者のなりわいづくりを支える流れと支え方

となって改修した古民家のコミュニティー・スペース『まぶや』は地域と人、人と人を繋げる場所になっており、また大山町移住交流サテライトセンターを併設して、移住者が不安なく新しい暮らしにとけ込めるようなサポート体制をとっています。移住者や起業をした人、地域住民などがあつまり意見交換をしながら自分自身のみならず他の移住者のなりわいづくりを支える新しいコミュニティとして「築き会」は機能しはじめているといえるでしょう。

以上みてきたように、「なりわいづくりを促す仕かけ（a）」は制度的に充実をしてきていますし、「日常の運営へのサポート（c）」は生活づくりと一体となって、集落や地域住民、同業者といった既存のコミュニティが状況に応じた支えが行われていることがわかりました。一方、「軌道に乗るためのサポート（b）」は臨時の雇用やなりわいづくりの場の提供に加えて、「築き会」

のようにネットワークを提供するサロンのような機能もありそうです。

本書ではここまで「支え方」という対応についてみてきましたが、そもそも移住者のなりわいづくりはⅠで述べたとおり、農山村における新たな地域の価値創造に結びつく、いわば地域づくり活動であるともいえます。言葉を換えれば移住者のなりわいづくりへ農山村側からより積極的に関わることが求められているといえます。次章では、移住者のなりわいづくりを農山村の地域づくりの一環として捉え、農山村に求められる視点を中心に考えていきます。

Ⅳ　地域づくり戦略としての移住者による地域のなりわいづくり

1　地域でのなりわいづくりの捉え方

移住者による地域のなりわいづくりを、移住者の視点（Ⅱ）および農山村の行政やコミュニティの視点（Ⅲ）から特徴を見出してきました。それでは移住者による地域のなりわいづくりを移住者側からみた場合と農山村側からみた場合、それぞれの捉え方を図21に整理してみたいと思います。

まず既存のなりわいの枠組みに参画する地域資源と結びついた「就業」ですが、多くは農山村にとっては地域の文化やなりわいづくりの継承が意識されているようです。地域資源と結びついた「就業」としては第一次産業に就くもの（就農など）や伝統工芸に関わる就業などが挙げられますが、農山村側が移住者を受け入れるのは、高齢化などにより第一次産業や伝統工芸などが衰退していくのを食い止め、継承に結び付けていこうという明確な目的を持っていることが多くみられます。一方、移住者もそれらへのあこがれをもっており、基本的には農山村側と移住者側の捉え方のギャップは大きくはないといえそうです。

これに対して新たななりわいづくりの枠組みをつくる「起業」はどうでしょうか。本書でとりあげた例をはじめさまざまな例をみてみると、移住者がどのような起業を行うのかは、新しいことに挑戦をしたいという気持ちをもつ移住者が、その農山村の地域資源からなりわいづくりの種を発見して、自身の思いや考えを取り入れなが

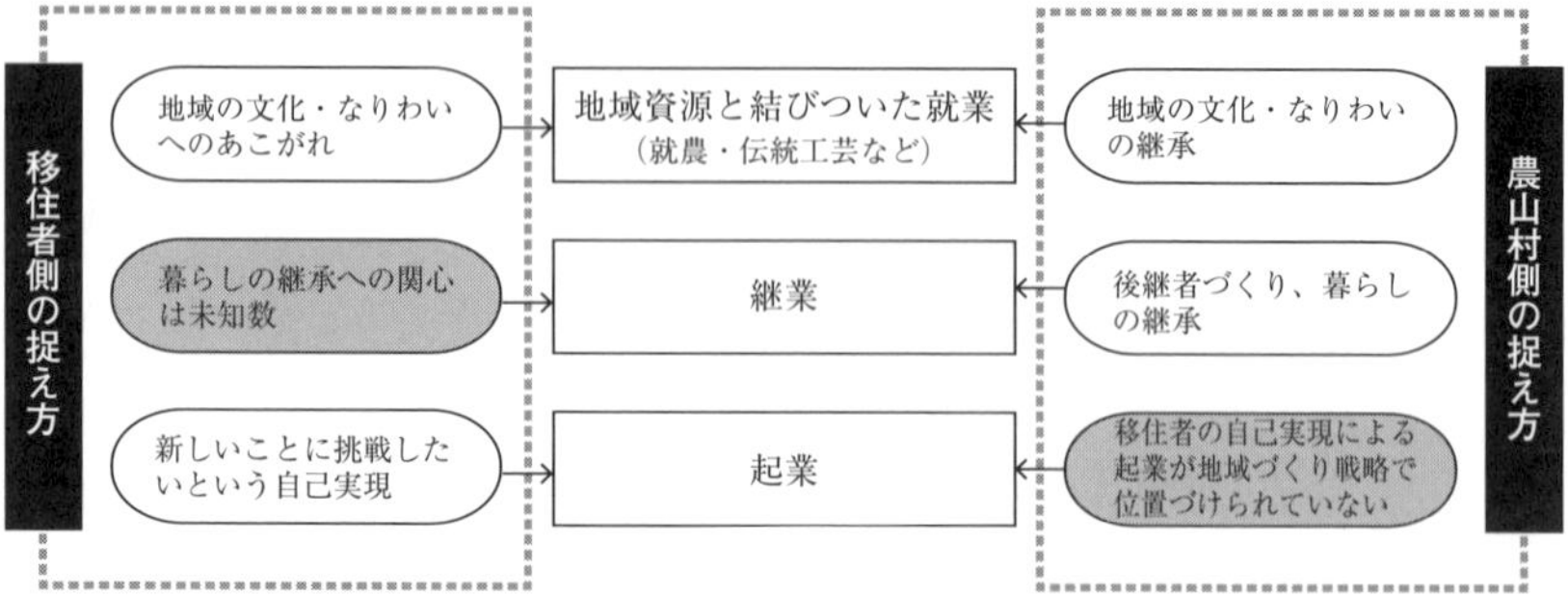

図21　地域でのなりわいづくりの捉え方

ら起業をすることが多いようです。つまり、移住者視点のなりわいづくりと位置づけられます。その意味では農山村側が現状として求めている起業には必ずしもなっていないことがありますし、そもそも農山村側による移住者の起業の捉え方は必ずしも明確ではありません。農山村側が戦略的、体系的に地域づくりの戦略のなかで移住者の起業を位置づけてきた地域は少なく、この点が課題としてみえてきました。

一方で、移住者が既存のなりわいの枠組みを継承しつつ、新たななりわいを展開する「継業」はむしろ農山村視点でのなりわいづくりの展開が期待できそうです。早くから地域づくりを頑張ってきた多くの地域では主要メンバーの高齢化とそれに伴う活動の停滞がみられはじめていますし、また地域の商店なども〝商い〟としては成立しているにもかかわらず、商店主の高齢化で店をたたむという例は多くみられます。このような連綿と続く暮らしを継承していくための後継者づくりという目的から、農山村として継承したいなりわいを受け継ぐ移住者を受け入れるという捉え方ができそうです。現状として「継業」の例は多くをみることはできませんし、移住者のなりわいづくりの方向性と農山村が求める継業が合致するかは未知数ですが、継業の多様化が進めば、増えつつある現役世代の移住希望者のなりわいづくりの一つの受け皿になりえるでしょう。

2　地域づくり戦略として考える

(1)　農山村視点からの継業の萌芽

前述の通り、移住者による「起業」を中心とするなりわいづくりの多くが移住者視点であるという現状を改めるために、本書が提示するのが農山村視点に基づく「継業」です。

海士町でなまこ加工を行う(株)たじまやを立ち上げた宮﨑さんの例では、但馬屋さんがかねてから営んできたなまこ加工をはじめとした畳屋・磯渡し・民宿・農業という暮らしやなりわいが、ヨソモノである宮﨑さんの視点から魅力的なものとして発見され、地域資源として新たに価値づけされたといえるのではないでしょうか。宮﨑さんは、なまこ加工という地域資源を「継業」して、新たな担い手として歩み出しています。また新潟県の社団法人中越防災安全推進機構復興デザインセンターが中心に運営するIターン留学にいがたイナカレッジでは「継業」を意識した後継ぎインターンプログラムをはじめています。このプログラムは一年間の研修で農村ビジネスの後継を目指すもので、農産物や農産物加工品の直売所や惣菜加工、移動販売などが「継業」の候補として挙げられています(図22)。

「起業」はいちからつくりあげることが多いため、なりわいづくりを目指す移住者にとってはリスクが大きいといえます。また農山村にとっても同じくいちから移住者がつくりあげる「起業」は、どのようなものを目指し

図22　にいがたイナカレッジの後継ぎインターンプログラム

ているのか地域の人にとってはイメージがわかず、サポートがしにくいという点が特徴として挙げられます。これに対して「継業」は既にあるなりわいなので農山村側にとってもイメージがしやすく、地域づくり戦略の上に位置づけやすいといえるでしょう。また移住者にとっての「継業」のメリットは、なりわいの経営基盤を引き継ぎ、移住者のヨソモノ視点での地域資源の再価値化と再活用化を目指すところにあります。あるものを引き継ぐという観点からいうと、全く新たにはじめる「起業」よりも経営リスクも低いといえそうです。

移住者による「継業」という概念はおそらく本書がはじめて提示したものだと思われます。従って、まだ萌芽時期にあるためその例は少なく、実態を踏まえた議論は十分にはできません。しかしながら、移住者視点のなりわいづくりから農山村視点のなりわいづくりに転換をしていく際に、この「継業」という考え方はその入口になると思われます。

(2)　求められる地域づくり戦略での位置づけ

これまでの地域のなりわいづくり、特に「起業」は移住者視点のなりわいづくりであり、その傾向を変えるために農山村側の必要性を踏まえた地域づくり戦略の中に移住者による地域のなりわいづくりを位置づける必要がありますが、ではその戦略をたてる主体はどのように考えればいいのでしょうか。本書では新しいコミュニティを想定してみたいと思います。新しい農山村コミュニティとは、まちづくり協議会やＮＰＯなどその形態は多種多様です。小田切（２００９）によるとその特徴のなかには、活動内容の総合性や、既存のコミュニティとの補完関係性、そして革新性をもつとされています。つまり地域をどうしていくのか、行政だけではなく地域住民が当事者意識をもって活動を行うその基盤こそが、ここでいう新しいコミュニティといえます。これらの新しいコミュニティの活動をみてみると、いずれも移住者の受け入れだけに特化した活動をしているわけではないということです。交流事業をはじめとする総合的な地域づくり活動を日ごろから行っており、自分たちの地域をどうするかという大きな地域づくり戦略とそのなかでの移住者のなりわいづくりを考えることができそうです。

ではこのような新しいコミュニティは、移住者のなりわいづくりを戦略的、体系的に地域づくりにどう位置づけているのでしょうか。例えば、徳島県名西郡神山町のＮＰＯ法人グリーンバレーでは、移住者を受け入れる際に、会社をリタイアした中高年ではなく、子育て世代や子どもをつくる意思のある若いカップル、仕事を持っている職人さんを優先しています。多くの農山村と同様に神山町では、地域の将来を担う子どもは少なく、また勤め人の雇用先もないという課題がありましたが、仕事を持っている職人さんに古民家を貸せば仕事を気にせず移住してもらえますし、地域に必要な技術も子どもも獲得できます。特に注目すべき取り組みとして「ワーク・イン・レジデンス」というものがあります。これはＮＰＯ法人グリーンバレーが進める空き家の再生と若者の定住をめざしたプロジェクトで、町の将来に必要だと考えられる職種の働き手や起業家を「逆指名」し、住宅や土地を提供するプログラムです。「地域にパン屋が欲しいね」というニーズからパン屋を開業したい人に移住してもらうというもので、これまでにパン屋、デザイナー、カフェなどを起業する人が移住してきました。実際にこれまでは移住者が地域を選んで移住するという流れでしたが、この場合は逆に地域側から来て欲しい人材を考え、呼び寄せるものになります。行政が移住希望者を支援している場合では、公平性が求められ移住者を選択することができます。これは難しいですが、NPOがサポートしている場合では、移住希望者を選択することができます。これは地域課題の解決のための必要な取り組みといえます。神山町の取り組みはNPOなどの新しいコミュニティが主体となり地域のなりわいづくりを戦略的、体系的に行ってきた例といえますが、多くの農山村ではここまでの取り組みには至ってはいないようです。

本書のIの1で提示したとおり、移住者による地域のなりわいづくりは、移住者にとっての生活の糧を得る、もしくは自己実現を成し遂げるという移住者にとってのみの効用があるわけではありません。コミュニティにとっても潜在的にあった地域資源を移住者がもつヨソモノ視点で利活用されるというメリットがそこにはあります。このような地域資源の活用による「新たな地域の価値創造」という観点をより明確にするには、移住者による地域のなりわいづくりを地域づくりの戦略のなかで位置づける試みが新しいコミュニティには求められています。

移住者のなりわいづくりを地域づくりに活かすということは、広い意味では外部人材をどのように地域づくりに活かすかということに含まれます。本ブックレットシリーズ№3（図司、2014）でも指摘されていますが、地域おこし協力隊などの「地域サポート人材」を農山村が受け入れるにはその目的やねらいが十分に考えられる必要があります。また「協働の段階」の都市農山村交流と称される「地域づくりインターン事業」などでも地域づくりのステージのなかでの活かし方などが指摘されています（宮口ほか、2010）。つまり、都市―農山村交流や地域サポート人材、そして移住者の受け入れはいずれもヨソモノを自分たちのコミュニティに受け入れるという点で共通しています。従って、移住者の受け入れという活動だけを考えるよりも、広く外部人材の活用を目指すさまざまな地域づくりのメニューを複合的に取り入れつつ、外部人材を地域づくりにどのように活かすのかという観点を学ぶことが、移住者のなりわいづくりを地域づくりの戦略の中に位置づける上では重要です。

またⅡの3において「地域のなりわいづくりのポイント」としてもまとめましたが、移住者が最初からなりわいづくりをすることは少なく、移住の前に「体験」など地域づくりのなかのさまざまな〝メニュー〟を経験して地域との関係を築いてからなりわいづくりに移行することが多いようです。さらに、移住者による地域のなりわいそのものも一つの枠組み、一つの形態にとどまることは少なく、いくつかのなりわいを組み合わせたあり方が適しているようです。つまり移住者の立場にとっても、自身のなりわいづくりが総合的な地域づくり戦略と結びつくことで安定化をしていくという方向性がうかがえそうです。

3　移住者のなりわいづくり×新しいコミュニティの戦略＝新たな価値創造

本書では移住者による地域のなりわいづくりを移住者、行政、そしてコミュニティの視点から考えてきました。特にコミュニティの視点からみると、移住者の生活づくりにしてもなりわいづくりにしても、集落など既存のコミュニティの日常的、通常的なかかわりはしっかり存在していることが分かってきました。しかしながら移住者による地域のなりわいづくりに関しては、農山村において地域づくりの戦略の中に明確な位置づけがなされていないことが多く、移住者視点によるなりわいづくりの傾向が強いことが課題として浮かび上がってきました。

そこで前述した通り、ＮＰＯやまちづくり協議会をはじめとする新しいコミュニティへの期待が生まれます。新しいコミュニティはⅢの１の図17でみたとおり、生活づくりに向けたつなぎをつくる役割は十分に担っています。このつなぎづくりは移住者にとっての意味だけではなく、新しいコミュニティにとっても重要な意味を持ちます。移住者はつないでもらったことをきっかけに新しいコミュニティの活動にも関わるようになることが多く、移住者自身が新しい移住者へのサポートに回るという循環がうまれつつあります。この循環は移住者受入れにとどまらず、地域づくり活動への参画という効果も生み出しています。つまり新しいコミュニティを介した移住者を新しいメンバーに迎えつつ活動を継続していくという循環こそが、新しいコミュニティが更なる地域づくり活動を行っていく源泉になるのです。

このような素地がある新しいコミュニティが、移住者による地域のなりわいづくりを地域づくり戦略にしっかりと位置づけられたとしたらどうでしょうか。Ⅰの1で述べたとおり、移住者による地域のなりわいづくりは地域資源の活用という点から経済的な意味での新しい価値の上乗せが生まれます。この地域資源の利活用について、移住者任せにせず、普段から地域づくり戦略の上で考えていくことは、移住者のなりわいづくりと地域づくり戦略の接点を生むことになり、地域づくり戦略に移住者のなりわいづくりを包含していくきっかけとなります。

これまで農山村の地域づくりにおいてヨソモノの重要性は多く語られてきましたが、経済的な価値創造の上での意味づけは必ずしも十分には考えられてきませんでした。しかし移住者によるなりわいづくり（地域起業）の萌芽がみられる中、この動きを地域づくり戦略の中に巻き込まない手はありません。何人移住したか、何人起業したかという「量的」な結果のみを追いかけるのではなく、地域づくり戦略に合った移住者による地域のなりわいづくりが生み出されたかどうかという「質的」な結果にも目を向けるべきです。

「移住者のなりわいづくり×新しいコミュニティの地域づくり戦略」が農山村の新たな地域の価値を創造するのです。

V　農山村再生における移住となりわいづくりの展望

本書では、移住者による地域のなりわいづくり（地域起業）に注目して、農山村の地域づくり戦略と結びつきつつ農山村における新たな地域の価値創造へ向かっていく方向性を提示しました。ところで、「移住」と「地域のなりわいづくり」という2つのトピックスをそれぞれみてみると、前章までで述べた視点や課題以外にも考えるべき点がありそうです。本章では、移住者による地域のなりわいづくりにも関連する2つのポイントを紹介しておきたいと思います。

1　地域住民によるなりわいづくりの可能性

これまで、移住者のなりわいづくりについてみてきましたが、地域の住民が新たになりわいを起こすことで、移住者の働く場の確保やなりわいづくりにつながることもあります。

宮崎県西臼杵郡高千穂町の秋元集落が農家民宿まろうどを経営する飯干淳志さんは役場職員でしたが、自らが住む秋元集落が高齢化・人口減少に直面していても行政マンの立場では「集落」を救えないという思いから、「ムラの生業研究会」を立ちあげたほか、集落内に「高千穂ムラたび活性化協議会」を発足させ、観光地でもある高千穂町で「観光と連携したムラの生業づくり」を掲げて農業生産物の直販と農家民宿経営、集落まるごとを観光資源化するエコミュージアムの3つを進め、自らの行政経験で培《つちか》ったマネジメント力とコーディネート力を活かして持続可能なムラづくりを目指して自らが起業することにしました。「特産品をつくり、村人や移住者が働く場を増やしたい」という思いから、農業だけでなく、観光業も組み合わせた多角的な経営によって、地域の雇用だけでなく、こうした地域資源を活かすなりわいづくりに共感する移住者などを雇用してきました。

地域での合意形成と参加の場づくりとしての研究会や協議会を立ちあげ、人的資源の確保のために積極的に移住者などを受け入れてきたこともポイントだといえます。このような移住者から新たななりわいづくりのプランが提案されたり、集落の中に地域の主婦たちが古民家を改修した食堂を新たにオープンさせて地区の高齢者の寄り合いの場にもなるなど、地域内外に新たな動きが生まれる波及効果もみられます。

以上のように地域のなりわいづくりの担い手は、移住者だけではなく地域住民もなることができますし、なりわいづくりをきっかけとした地域住民と移住者による相互補完や相乗効果も期待できます。本書では対象にはしませんでしたが、地域のなりわいづくりにはこうした広がりもうかがうことができます。

2　住まいというもうひとつの課題

これまで移住者のなりわいづくりをみてきましたが、都市住民が移住者として農山村で新しい生活をはじめようとするときに、住まいに関する課題もあると考えています。これまでみてきたように地域のなりわいづくりは、移住に際して、「気に入った地域をみつけることができたが、稼ぐことのできる職がない」ことが課題となっています。同様に「気に入った地域をみつけることができたが、住まいがみつからない」という住まいに関する課題にもしばしば直面します。

町や村などが建設・管理している公営住宅は満室であることが多いですし、地域で増えつつある空き家も、物件自体はたくさんありますが、所有者の都合で賃貸物件となることは多くありません。空き家の所有者の日常的な生活拠点は都市部に移っていても、盆暮れには墓参りに来る、庭先の草刈りに定期的に来る、家族の荷物がまだ置いてある、などのさまざまな理由で賃貸物件にはなりがたい事情があります。都市へ移っていった農山村住民にしてみれば思い出もある住まいの場ですから、他人に貸すことは簡単ではないことは理解できます。一方で、使っていない住居は傷んでいきますので、地域のためになるならと移住希望者に対して賃貸してくれる農山村住民もいないわけではありません。空き家所有者に賃貸を依頼し、その情報を蓄積し、ふさわしい移住者に紹介する取り組みは、移住希望者と農山村住民の両者の事情を理解でき、両者の間に立つ仲介者の働きかけが重要になります。またその働きかけには、本書でもとりあげた新しいコミュニティの役割が期待されます。

こうした住まいに関する課題も、都市部での生活拠点の移動を伴わない「定住」したまま農山村と都市部で交流する局面、生活拠点の本拠を移さずに新しい地域に出かけていって農山村に滞在する「交流」する局面、生活拠点の本拠を新しい地域の住まいに移して「移住」する3つの局面で理解することができそうです。

3　賽《さい》は投げられた！：おわりにかえて

本書では「移住者による地域のなりわいづくり」という、農山村が「移住者」と「地域のなりわい」の二兎を追う、一見すると難しいようなテーマをアンケートやインタビューなどの調査結果や、これまで先発的に進んできた例、さらには現在進行形で動いているようなトピックスを交えて説明をしてきました。都市から農山村への移住希望者は増え、しかも現役世代の移住希望者の増加は目を見張るものがあります。〝田舎〟を持たない団塊ジュニア世代（わたしたち著者3人もあてはまります）をはじめとする現役世代にとっては、農山村は一種のフロンティアであるのかもしれません。「里山資本主義」（藻谷・NHK広島取材班、2013）に代表されるように農山村の資源を生活やなりわいに活かそうとする考え方が広く知られるようになってきましたし、そのような考え方を支えるNPOのさまざまな活動や行政の諸施策がこの数年で大きく動きはじめています。

都市からのこの大きなうねりを上手にキャッチするか、それともキャッチせずパスボールとしてしまうか、それは農山村の視野の広さと度量の大きさが試されているともいえそうです。それぞれの農山村が「量的」な目標ではなく「質的」なビジョンを持った地域づくり戦略を改めて意識する時期にあるようです。その地域づくり戦略のなかで「移住者による地域のなりわいづくり」の意味を考えてみてはいかがでしょうか。

【参考文献】

(1)小田切徳美『農山村再生—「限界集落」問題を超えて—』岩波書店、2009年。
(2)小田切徳美編著『農山村再生の実践(JA総研研究叢書)』農文協、2011年。
(3)小田切徳美「農山村再生の戦略と政策」小田切徳美編『農山村再生に挑む』岩波書店、2013年。
(4)塩見直紀『半農半Xという生き方』ソニー・マガジンズ新書、2008年。
(5)篠原匡『神山プロジェクト—未来の働き方を実験する—』日経BP社、2014年。
(6)図司直也『地域サポート人材による農山村再生(JC総研ブックレット№3)』筑波書房、2014年。
(7)西村俊昭「若い世帯の農村移住は簡単ではない」林直樹・齋藤晋編著『撤退の農村計画』学芸出版社、2010年。
(8)日本都市計画学会関西支部次世代の「都市をつくる仕事」研究会『いま、都市をつくる仕事　未来を拓くもうひとつの関わり方』学芸出版社、2011年。
(9)立川雅司「ポスト生産主義への意向と農村に対する「まなざし」の変容」日本村落研究学会編『年報村落社会研究41　消費される農村—ポスト生産主義下の「新たな農村問題」』農山漁村文化協会、2005年。
(10)宮口侗廸・木下勇・佐久間康富・筒井一伸編著『若者と地域をつくる—地域づくりインターンに学ぶ学生と農山村の協働—』原書房、2010年。
(11)藻谷浩介・NHK広島取材班『里山資本主義—日本経済は「安心の原理」で動く(角川oneテーマ21)』角川書店、2013年。

〈私の読み方〉　移住者による「なりわい」の意味と意義

小田切 徳美

1　本書と田園回帰

「田園回帰」が各方面で話題となっている。この言葉を使うかどうかはともかく、都市から農山漁村への移住の活発化は間違いなく起きている。

しかし、その傾向が強まれば、強まるほど、「そんな動きは、いくら太くなっても『糸』のようなものに過ぎない」という疑義が示されるだろう。筆者（小田切、以下同じ）も、現実に「今後予想される急劇な人口減少に対して、たかだかそれだけの動きは如何なる意味があるのか」という批判をある中央省庁の幹部より受けたことがある。

本書は、まさにこの疑問に答えるがごとく、移住者数という「量的」な結果ではなく、「質的」な意味を考えることを出発点としている。それは、地域的波及効果を考えない、移住者の過小評価に対する批判であり、同時に移住者の「頭数」だけを集めようとする、一部の地域にある無責任体制に対する批判も含まれている。

本書の価値は、この2つの視点を含めて、現代の移住にかかわる多面的な事実と論点が語られている点にある。逆に本書により、筆者自身を含めたいままでの議論がパーツばかりであることに気づく。それは3人の著者の能力の高さに加えて、「田園回帰」傾向の急進という現実がそれを求めていたのであろう。

2 「なりわい」の意味と意義

まず、本書で注目すべきは、移住者の仕事を「なりわい」という言葉で、その内実を表現している点である。著者の意図を筆者なりに理解し、示したのが図である。

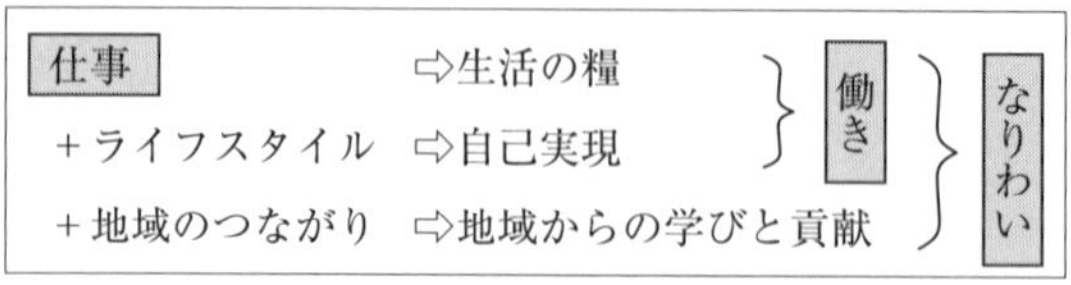

図　「なりわい」とは何か？

ここで強調されているのは、移住者の仕事は、多くの場合、単に収入を得る「仕事」だけではなく、「ライフスタイル」と一体化した営み（ここでは仮に「働き」とした）であり、同時に地域とのかかわりを不可避としている点である。これは、「なりわい」が地域の資源や特産物を利用した仕事であることと関連している。農山村でそのような起業をしようとすれば、地域からの学び、支援、地域への恩返し等で、地元コミュニティと無関係であることは考えられない。

この定義は、本書で紹介されている4名の移住者の実態から抽象化されたものであり、実はリアリティのある移住成功のための条件でもある。①収入、②ライフスタイルの実現、③地域からの学びと貢献がそれに相当する。

また、このような「なりわい」概念の導入により、従来見えなかったものが見えてくる。そのひとつは、本書で初めて概念化された「継業」である。これは、地域に従来からあった固有の仕事を継承することを意味している。著者も言うように、この「継業」は、現状では事例として多くは見ることができないが、今後移住者の「なりわい」

の選択肢としてかならず登場するものであろう。それは、本書の事例にもあるように、特に一次産業やそれとかかわる六次産業の中に可能性があり、その面で改めて農林漁業の重要性が高まることとなろう。

「なりわい」という枠組みにより、もうひとつ見えて来ることとは、移住者と地域コミュニティをめぐり、前者を「変わり者」、後者を「閉鎖的」とするステレオタイプの捉え方は完全に時代遅れなことである。もちろん、その傾向はいまも一部ではあろうが、「なりわい」が移住の条件であるとすれば、これを変えつつある人や地域から事態が動くことがわかる。事例に出てくる福島県二本松東和地区協議会のメンバーが、「(この地域が)選ばれる農村になっていかなければいけない」と考え、また移住者自体も「助け合うのは地域にとっては当たり前のこと」と考えはじめる実態を見るときに、そのことを確信する。つまり、「なりわい」の設定はこうした、地域と移住者の変化を促す意味もある。

3　移住者へのサポートのあり方

本書のもうひとつの重要なポイントは、図20（43頁）で示された移住者のなりわい形成のプロセスとその支援体制である。ここでは、入口となる「なりわいづくりを促す仕かけ」から、「なりわいの日常運営のサポート」まで、国レベルからコミュニティレベルが、あたかもリレーをするごとく、「移住者支援」というバトンをつなぐ仕組みがモデル化されている。これは、本書で強調されているように、地域にとって、移住者によるなりわいづくりが「地域づくり」そのものであることが明確となってはじめて描けるモデルであろう。政策サイドはこの、「移住者支援のバトンリレー・モデル」を実現するために必要な仕組みを構築する必要があろう。当面、

「リレー」をコーディネートするサポート人材制度（本文中で紹介されている和歌山県の「ワンストップ・パーソン制度」が具体的イメージ）の設置とその人材養成が課題となろう。

しかし、だからと言ってこの分担を固定的に考える必要はない。例えば、国－県－市町村の役割分担で言えば、まずは、できる主体が取り組むことが重要である。いわゆる、「補完性の原理」（政策の実施はできるだけ住民に近い単位の団体でおこない、できないことのみをより大きな単位の団体で補完するという原理）を硬直的に考えることなく、「重複を厭わず、欠落を恐れる」ことが重要であるように思われる。

本稿冒頭でも論じたように、本書に貫かれた視点は、移住者の「量」ではない「質」に対するこだわりである。「なりわい」の取り組みは、地域では単に一人の人間が移住したという量的な意味を超えた意義がある。そのことを確かな実証により明らかにし、それを見事に一般化した点で、本書の実践的価値は大きい。「農山村再生」の実態認識と議論がここまで進んできたことを農山村関係者とともに喜びたい。

【著者略歴】

筒井 一伸 ［つつい　かずのぶ］

〔略歴〕

鳥取大学地域学部地域創造コース教授。1974年、佐賀県生まれ東京都育ち。専門は農村地理学・地域経済論。大阪市立大学大学院文学研究科地理学専攻博士後期課程修了。博士（文学）。

嵩 和雄 ［かさみ　かずお］

〔略歴〕

特定非営利活動法人100万人のふるさと回帰・循環運動推進・支援センター副事務局長。1972年、東京都生まれ。専門は地域計画、都市農村交流。東洋大学工学研究科建築学専攻博士後期課程単位取得退学。修士（工学）。

佐久間 康富 ［さくま　やすとみ］

〔略歴〕

和歌山大学システム工学部准教授。1974年、埼玉県生まれ。専門は都市・地域計画学。早稲田大学大学院理工学研究科建設工学専攻博士後期課程単位取得退学。博士（工学）。

【監修者略歴】

小田切 徳美 ［おだぎり とくみ ］

〔略歴〕

明治大学農学部教授（同大農山村政策研究所代表）。1959年、神奈川県生まれ。東京大学大学院農学生命科学研究科博士課程単位取得退学。農学博士。

JC総研ブックレット No.5

移住者の地域起業による農山村再生

2014年9月15日　第1版第1刷発行
2018年9月13日　第2版第2刷発行

著　者 ◆ 筒井 一伸・嵩 和雄・佐久間 康富
監修者 ◆ 小田切 徳美
発行人 ◆ 鶴見 治彦
発行所 ◆ 筑波書房
東京都新宿区神楽坂 2-19 銀鈴会館 〒162-0825
☎ 03-3267-8599
郵便振替 00150-3-39715
http://www.tsukuba-shobo.co.jp

定価は表紙に表示してあります。
印刷・製本＝平河工業社
ISBN978-4-8119-0445-0　C0036
© Kazunobu Tsutsui, Kazuo Kasami, Yasutomi Sakuma 2014 printed in Japan

#「ＪＣ総研ブックレット」刊行のことば

筑波書房は、人類が遺した文化を、出版という活動を通して後世に伝え、人類がそれを享受することを願って活動しております。１９７９年４月の創立以来、このような信条のもとに食料、環境、生活など農業にかかわる書籍の出版に心がけて参りました。

20世紀は、戦争や恐慌など不幸な事態が繰り返されましたが、60億人を超える世界の人々のうち8億人以上が、飢餓の状況におかれていることも人類の課題となっています。筑波書房はこうした課題に正面から立ち向います。

グローバル化する現代社会は、強者と弱者の格差がいっそう拡大し、不平等をさらに広めています。食料、農業、そして地域の問題も容易に解決できないことが山積みです。そうした意味から弊社は、従来の農業書を中心としながらも、さらに生活文化の発展に欠かせない諸問題をブックレットというかたちで、わかりやすく、読者が手にとりやすい価格で刊行することと致しました。

この「ＪＣ総研ブックレットシリーズ」もその一環として、位置づけるものです。

課題解決をめざし、本シリーズが永きにわたり続くよう、読者、筆者、関係者のご理解とご支援を心からお願い申し上げます。

２０１４年2月

筑波書房

JC総研［JC そうけん］

JC（Japan-Cooperative の略）総研は、JA グループを中心に４つの研究機関が統合したシンクタンク（2013 年 4 月「社団法人 JC 総研」から「一般社団法人 JC 総研」へ移行）。JA 団体の他、漁協・森林組合・生協など協同組合が主要な構成員。

（URL：http://www.jc-so-ken.or.jp）